高等学校计算机系列规划教材

C语言程序设计

实验与学习辅导

主　编　宋士银　　孟　琦　刘　君

副主编　张兴波　丁有强　卜凤菊

　　　　梁　甜　蒲　琼

编　者　郑宁宁　郭松明　王　霖

　　　　张伟男　李　梅　谭皓文

　　　　张　进　李　岩

U0269007

中国石油大学出版社
CHINA UNIVERSITY OF PETROLEUM PRESS

图书在版编目（CIP）数据

C 语言程序设计实验与学习辅导/宋士银，孟琦，刘
君主编. —东营：中国石油大学出版社，2018.6
ISBN 978-7-5636-6028-5

Ⅰ. ①C... Ⅱ. ①宋... ②孟... ③刘... Ⅲ. ①C 语言－
程序设计－高等学校－教学参考资料 Ⅳ. ①TP312.8

中国版本图书馆 CIP 数据核字（2018）第 099300 号

书　　　名：C 语言程序设计实验与学习辅导
主　　　编：宋士银　　孟　琦　刘　君
---　-----------------------
责任编辑：安　　静（电话 0532-86981535）
封面设计：赵志勇
---　-----------------------
出　版　者：中国石油大学出版社
　　　　　　　（地址：山东省青岛市黄岛区长江西路 66 号　　邮编：266580）
网　　　址：http://www.uppbook.com.cn
电子邮箱：anjing8408@163.com
印　刷　者：泰安市成辉印刷有限公司
发　行　者：中国石油大学出版社（电话 0532-86983437）
开　　　本：185 mm×260 mm
印　　　张：17.75
字　　　数：477 千
版 印 次：2018 年 7 月第 1 版　2018 年 7 月第 1 次印刷
书　　　号：ISBN 978-7-5636-6028-5
印　　　数：1—4500 册
定　　　价：42.50 元

前言 PREFACE

C 语言是一门通用的计算机编程语言，它功能强大，应用广泛，既能作为高级编程语言编写管理信息系统，又能作为低级语言编写系统软件，具有非常重要的地位。学好 C 语言，对于以后学习其他计算机编程语言以及计算机专业的其他专业课程有很大的帮助。

本书是《C 语言程序设计》的配套实验和学习辅导，以 Visual C++ 2010 作为开发环境。全书共分为三个部分：第一部分为 C 语言程序设计实验指导，这部分与课本的章节相对应，为每一章提供相应的实验指导和练习，每个实验包括实验目的、实验步骤和实验题目；第二部分为 C 语言程序设计学习辅导，提供了和课本章节对应的知识点梳理、案例解析、重点难点分析以及练习题检测，使读者更扎实地掌握课本上的知识点，解除对课本知识点的疑惑；第三部分为附录，包括练习题答案、Visual C++ 2010 使用手册和编译与连接过程中常见的出错提示。

本书具有以下特点：

1．知识体系由浅入深、循序渐进地从实验、知识点和例题习题等多个角度对知识点进行辨析，适合初学者掌握 C 程序设计的基础知识，掌握程序设计的思想和方法。

2．本书的实验指导部分，实验目标明确，步骤清晰，代码规范，讲解详实；实验目的指明本节实验要达到的目标；实验步骤中给出实验思路、源代码及实验说明，非常适合初学者进行实验模仿和练习，注重读者独立思考能力的培养；实验题目给出学生独立完成的题目，检验学生的实践学习效果。读者通过解决这些问题，提高分析和解决问题的能力。

3．本书的学习辅导部分，每个章节通过知识框架图，帮助学生理清学习思路；通过知识点介绍，对讲授知识点进行梳理总结，使读者掌握完整的知识脉络，更好地掌握知识点；通过重点难点分析，使读者能更好地把握关键；通过课后习题解析，帮助读者巩固所学知识。

3．本书的附录部分，对每章的习题给出了答案，能让学生及时检测学习效果；对 Visual C++ 2010 编程环境的使用做了详细介绍，使读者快速掌握新的集成开发环境；对编译与连接过程中经常出现的问题给出解释，使读者不仅能学会编写程序，更能学会调试程序，提高程序的健壮性。

4．对计算机二级考试中 C 语言部分的考试内容进行补充，精选部分真题，并进行详细

1

讲解，帮助有意向报考的学生顺利通过计算机二级考试。对于计算机相关专业的学生，适当增加部分专业性强、有一定难度的习题并详细讲解，为以后学习相关课程打下基础。

本书可作为《C语言程序设计》的"课外辅导老师"和资料手册。建议读者在使用该书时，坚持独立思考和积极动手实践的原则，通过对案例的模仿到独立设计调式程序的渐进过程，最终提高C语言程序设计能力。

在教材编写过程中，校企合作单位济南博赛网络技术有限公司和山东特亿宝互联网科技有限公司的董良、辇玉杰、宁方明、穆洋洋等提出了很多富有价值的意见和建议，在此一并表示衷心感谢！

限于编者水平，书中错误和不足之处在所难免，恳请广大读者不吝赐教，不胜感激。

教材编写组联系方式：邮箱 jsj88117990@163.com；电话 0531-88117990。

编　者

2018 年 5 月

CONTENTS 目录

第一部分
C语言程序设计实验指导

实验指导思想和要求

实验目的

　　C 语言程序设计的上机实验是 C 语言学习中重要的教学环节。上机实验不仅要求学生掌握 C 语言程序设计的基本知识，更重要的是培养学生掌握程序设计开发的基本素质、思维方法和技能，为学生后续课程的学习做好铺垫。学习《C 语言程序设计》课程不能满足于掌握语法和能看懂书上的程序，而应当掌握程序设计的全过程，即能独立编写出源程序，独立上机调试程序，独立运行程序和分析结果。

　　因此，上机实验绝不仅仅是为了验证教材和讲课的内容，或者验证自己所编的程序正确与否。上机实验的目的是：

　　（1）加深对讲授内容的理解，尤其是一些语法规定，光靠课堂讲授，既枯燥无味又难以记住，但它们是很重要的，初学者的程序出错往往错在语法上。通过多次上机，就能自然、熟练地掌握。通过上机来掌握语法规则是行之有效的方法。

　　（2）熟悉所用的计算机系统的操作方法，也就是了解和熟悉 C 语言程序开发的环境。一个程序必须在一定的外部环境下才能运行，所谓"环境"，就是指所用的计算机系统的硬件和软件条件，或者说是工作平台。使用者应该了解运行一个 C 程序需要哪些必要的外部条件（例如硬件配置、软件配置），可以利用哪些系统的功能来帮助自己开发程序。每一种计算机系统的功能和操作方法不完全相同，但只要熟练掌握一两种计算机系统的使用，再遇到其他系统时便可以触类旁通，很快就能学会。

　　（3）学会上机调试程序。也就是善于发现程序中的错误，并且能很快地排除这些错误，使程序能正确运行。在编译连接过程中出现出错提示时，经验丰富的人一般能很快判断出错误所在并改正，而缺乏经验的人即使在明确的出错提示下也往往找不出错误而求助于别人。要真正掌握计算机应用技术，不仅应当了解和熟悉有关理论和方法，还要自己动手实现。对程序设计来说，则要求会编程序并上机调试通过。因此，调试程序不仅是得到正确程序的一种手段，而且它本身就是程序设计课程的一个重要内容和基本要求，应给予充分重视。调试程序固然可以借鉴他人的现成经验，但更重要的是通过自己的直接实践来累积经验，而且有些经验是只能"意会"难以"言传"的，别人的经验不能代替自己的经验。调试程序的能力是每个程序设计人员应当掌握的一项基本功。

　　因此，在做实验时千万不要在程序通过后就认为万事大吉、完成任务了，而应当在已通过的程序基础上做一些改动（例如修改一些参数、增加程序的一些功能、改变某些语句、改变输入数据的方法等），再进行编译、连接和运行。甚至于"自设障碍"，即把正确的程序改为有错的（例如语句漏写分号；用 scanf 函数输入变量时，漏写"&"符号；比较符"=="错写为赋值号"="；使数组下标出界；使整数溢出等），观察和分析所出现的情况。这样的学习才会有真正的收获，是灵活主动的学习而不是呆板被动的学习。

实验准备

在上机实验前应事先做好准备工作，以提高上机实验的效率，准备工作至少应包括：

（1）了解所用的计算机系统（包括 C 编译系统和工作平台）的性能和使用方法。

（2）复习和掌握与本实验有关的教学内容和实验目标。

（3）准备好上机所需的程序。由于计算机实验室给每个学生安排的时间是有限的，要珍惜时间，充分利用。应当在上机前按指定的题目编写好程序。手编程序应书写整齐，并经人工检查无误后才能上机，以提高上机效率。初学者切忌不编程序或抄别人程序去上机，应从一开始就养成严谨的科学作风。

（4）对运行中可能出现的问题事先做出估计，对程序中自己有疑问的地方，应做出标记，以便在上机时加以注意。

（5）准备好调试和运行时所需的数据。

实验步骤

上机实验时原则上一人一组，独立上机，复杂程序分组进行，相互讨论完成任务。上机过程中出现的问题，除了系统的问题以外，一般应自己独立处理，不要轻易举手问老师。尤其对出错提示，应善于自己分析判断，这是学习调试程序的良好机会。

上机实验一般应包括以下几个步骤：

（1）进入 C 工作环境（Visual C++ 2010）。

（2）输入自己编好的程序。

（3）检查一遍已输入的程序是否有错（包括输入错误和编程中的错误），如发现有错，及时改正。

（4）进行编译和连接。如果在编译和连接过程中发现错误，屏幕上会出现出错提示，根据提示找到出错位置和原因，加以改正，再进行编译，如此反复直到顺利通过编译和连接为止。

（5）运行程序并分析运行结果是否合理、正确。在运行时要注意当输入不同数据时所得到的结果是否正确。

（6）输出程序清单和运行结果。

实验要求

根据所选题目首先进行算法分析，根据实现的功能进行数据分析，设计相应的数据结构，同时为贯彻"程序设计=算法+数据结构"的思想，要求学生在课下完成传统流程图的设计，然后根据传统流程图写出实验代码。

为保证开发团队的协作和后期修改能有效进行，使学生遵照统一的排版风格、注释标准、命名规则及编码原则进行 C 语言编程，特提出以下规范要求。

（1）缩进：程序块要采用缩进风格编写，缩进以 2 个空格（Space）键为单位，不使用Tab 键；函数体、结构体、循环体以及分支结构中的语句行都须采用缩进风格。

（2）代码行：不允许把多个短语句写在一行中，即一行只写一条语句。

（3）命名规则：所有的标识符只能用字母（A~Z 或 a~z）和数字（0~9）。不得包含货币符号或其他非 ASCII 字符。

① 变量的命名应尽可能采用有意义的名词，力求见名知义。

② 可以采用一个单词或多个单词的缩写作为名字，缩写单词的每个字母都要大写。

③ 对于难以使用英文的情况，可以参考相关行业标准，比如使用国标。

④ 采用约定俗成的习惯用法。

常见的习惯用法如下：

循环变量：i、j、k、m、n　　　　长度：length　　　　数量：count

（4）程序中的注释。

① 为确保程序的易读性，注释语句不得少于全部代码行的 30%。

② 源文件头部应进行注释，列出版权说明、版本号、生成日期、作者、模块目的/功能、主要函数及其功能、修改日志等。

③ 函数头部应进行注释，列出函数的目的/功能、输入参数、输出参数、返回值、调用关系（函数、表）等。

④ 边写代码边注释，修改代码的同时修改相应的注释，以保证注释与代码的一致性。不再有用的注释要删除。

⑤ 注释的内容要清楚、明了，含义准确，防止注释二义性。

实验1 C语言的基本认识

实验目的

通过本次实验内容，使学生对 C 语言程序有一个简单的认识，熟悉 Visual C++ 2010 的运行环境，掌握 C 程序的执行方法，了解程序的结构和输出函数等。

实验内容

案例1-1 编写程序，在屏幕上显示：各位同学好！很高兴和大家一起学习 C 语言！

1. 问题分析

本案例要创建一个简单的 C 控制台程序，该程序将在屏幕上输出一行文字"各位同学好！很高兴和大家一起学习 C 语言！"，程序中主要用到的是 printf() 函数。同时，通过本程序，了解 C 程序的基本结构。

2. 操作步骤

（1）打开 Visual C++ 2010 集成开发环境，选择"文件"→"新建"→"项目"选项，弹出如图 1-1-1 所示的对话框。在对话框中间的项目类型列表中选择"Win32 控制台应用程序"，在对话框下方输入控制台应用程序的名称和位置，单击"确定"按钮，在出现的向导中单击"下一步"，即可进入代码编辑窗口。

图 1-1-1 创建项目

（2）在 main()方法中输入以下代码：

```
#include "stdio.h"
int main()
{
    printf("各位同学好！很高兴和大家一起学习 C 语言！\n");
    return 0;
```

　　}

（3）执行程序，单击"调试"菜单的"开始执行"，或者直接按快捷键 Ctrl+F5，程序的运行结果如下：

3. 程序说明

"#include "stdio.h""是一个编译预处理命令，含义是文件包含；"stdio.h"是一个标准输入和输出头文件，用来控制数据的输入或输出。main 是主函数的函数名，是程序的入口和出口，每一个 C 源程序都必须有且只能有一个主函数。printf()函数的功能是把要输出的内容送到显示器显示，本质上也是一个函数，是一个由系统定义的标准函数。

案例1-2　输入程序代码，并分析观察程序的运行结果

1. 问题分析

本案例将利用 C 程序的 printf 函数输出一个问题，并给出四个选项（A、B、C、D），通过本程序继续巩固和理解 C 程序的结构和执行过程。

2. 操作步骤

（1）打开 Visual C++ 2010 集成开发环境，新建一个控制台应用程序，过程仿照案例 1-1，为控制台项目命名为 exp02。

（2）创建好项目后，在 main()方法中输入以下代码：

```
#include "stdio.h"
int main()
{
    printf("你知道 C 语言中的输出函数是哪一个么？\n");
    printf("A.Printf()\nB.printf()\nC.print()\nD.pritf()\n");
    return 0;
}
```

（3）执行程序，单击"调试"菜单的"开始执行"，或者直接按快捷键 Ctrl+F5，程序的运行结果如下：

3. 程序说明

此程序主要利用 C 语言的标准输出库函数 printf()实现输出功能，本例将 printf()函数中双引号的内容原样输出到屏幕上，其中\n 代表实现输出换行的功能。

案例1-3　任给一半径，输出圆的周长

1. 问题分析

一个完整的应用程序应该包括数据的输入、数据的处理和结果显示三部分。对于本题，三部分内容如下：

（1）数据输入。题目要求的是输入圆的半径。

（2）数据处理。根据输入的圆的半径的值和数学公式计算圆的周长。

（3）结果显示。显示圆的周长。

2. 操作步骤

（1）新建一个控制台应用程序，并在 main()方法中输入以下代码：

```
#include "math.h"                    /* include 称为文件包含命令*/
#include "stdio.h"                   /*扩展名为.h 的文件称为头文件*/
int main()
{
    int r,l;                         /*定义两个整型变量 r 和 l*/
    printf("input r:\n");            /*显示提示信息*/
    scanf("%d",&r);                  /*接收数据给变量 r*/
    l=2*3.14*r;                      /*进行数学运算把周长赋值给变量 l*/
    printf("circle of %d is %d\n",r,l); /*输出变量 r,l 的值*/
    return 0;
}
```

（2）执行程序，按提示输入半径，例如"10"，程序运行结果如下：

3. 程序说明

main()函数中的第 1 行代码为定义变量，C 语言规定所有变量必须先定义后使用；第 2 行代码是为了在屏幕上显示提示信息，提示用户输入半径，这是一个较好的习惯，增强人机之间的交互性；第 3 行代码通过 scanf()函数完成输入一个整数，注意在调用输入函数时，变量 r 的前面要加 "&"；第 4 行代码利用数学公式计算圆的周长，注意公式中的所有乘号均不能省略；最后通过 printf()函数输出计算结果。

实验题目

1. 编一个小程序实现在屏幕上输出以下内容：

```
*********************************
*      学生成绩管理系统        *
*      1. 录入成绩            *
*      2. 查询成绩            *
*      3. 输出成绩            *
*********************************
```

2. 假设公民的个人所得税为工资总额的 5%，编程输入一个公民的工资总额，计算其应缴纳的个人所得税和其扣除所得税后的实际工资，并输出。

3. 输入两个整数，计算两个数的和并输出。

实验2　C语言程序设计基础

 实验目的

通过本次实验，使学生掌握 C 语言数据类型，熟悉如何定义不同类型的变量，如何表示不同类型的常量以及对它们赋值的方法；掌握不同的数据类型之间赋值的规律及类型转换方式；学会使用 C 语言的有关算术运算符，以及包含这些运算符的表达式，特别是自加和自减运算符的使用；进一步熟悉 C 程序的结构特点，学习简单程序的编写方法。

 实验内容

案例 2-1　编写程序，输入 3 个实数，求平均数

1. 问题分析

数据的输入、数据的处理和结果显示三部分内容如下：

（1）数据输入。题目要求的是输入 3 个实型数据。

（2）数据处理。根据输入，求 3 个数据的平均数。

（3）结果显示。显示平均数。

2. 操作步骤

（1）打开 Visual C++ 2010 集成开发环境，新建一个控制台应用程序，并在 main()方法中输入以下代码：

```
#include "stdio.h"                         /*文件包含命令*/
int main()                                 /*主函数*/
{
    float f1,f2,f3,s,avg;                  /*定义实型变量*/
    printf("input three floats: ");        /*显示提示信息*/
    scanf("%f%f%f",&f1,&f2,&f3);           /*接收 3 个实型变量*/
    s=f1+f2+f3;                            /*求 3 个变量之和，存入变量 s*/
    avg=s/3;                               /*求平均数*/
    printf("sum of f1,f2,f3 is %.2f\n",s); /*输出求出的平均数*/
    return 0;
}
```

（2）执行程序，单击"调试"菜单的"开始执行"，或者直接按快捷键 Ctrl+F5，程序的运行结果如下：

```
C:\Windows\system32\cmd.exe
input three floats: 4.4 5.5 6.6
sum of f1,f2,f3 is 16.50
请按任意键继续. . .
```

3. 程序说明

main()函数中的第 1 行代码为定义实型变量，C 语言规定所有变量必须先定义后使用；第 2 行代码是为了在屏幕上显示提示信息，提示用户输入 3 个实数；第 3 行代码通过 scanf()函数完成三个实数的输入，注意实型变量的输入用 "%f" 格式控制符，且在调用输入函数时，变量名的前面要加 "&"；第 4 行代码利用 "+" 运算符求三个实数的和；第 5 行代码用 "/" 运算符求 3 个数的平均数，注意除号和数学中的区别，并且思考如果是 3 个整数求平均数，结果如何保留小数位；最后通过 printf()函数输出计算结果。

案例 2–2　编写程序，把输入的大写字母转换为小写字母

1. 问题分析

数据的输入、数据的处理和结果显示三部分内容如下：

（1）数据输入。题目要求的是输入一个实型数据。

（2）数据处理。小写字母 ASCII 码=大写字母 ASCII 码+32。

（3）结果显示。显示转换后的字符。

2. 操作步骤

（1）打开 Visual C++ 2010 集成开发环境，新建一个控制台应用程序。

（2）创建好项目后，在 main()方法中输入以下代码：

```c
#include "stdio.h"
int main()
{
    char ch1,ch2;                              /*定义两个字符型变量*/
    printf("input an upper letter: ");         /*显示提示信息*/
    scanf("%c",&ch1);                          /*接收一个大写字母*/
    ch2=ch1+32;                                /*把大写字母转换为小写字母*/
    printf("lower of letter %c is %c\n",ch1,ch2);  /*输出*/
    return 0;
}
```

（3）执行程序，单击"调试"菜单的"开始执行"，或者直接按快捷键 Ctrl+F5，程序的运行结果如下：

3. 程序说明

本案例主要考察字符类型的相关知识，如何定义字符变量，如何表示字符常量，以及大小写字符 ASCII 码值之间的关系。大写字母 ASCII 码加 32 即可转换为对应的小写字母，反之，小写字符的 ASCII 码减去 32 即可得到对应的大写字母。除此之外，利用 ASCII 码和整数相加减可以将一个字符转换成另一个字符，很多早期加密方法就是利用此方式完成的。

案例 2–3　输入程序代码，并分析观察程序的运行结果

1. 问题分析

本案例主要考察 C 语言中的类型转换，在计算表达式的值时，按照类型转换规则转换后参与运算。

2. 操作步骤

（1）打开 Visual C++ 2010 集成开发环境，新建一个控制台应用程序。

（2）创建好项目后，在 main()方法中输入以下代码：

```
#include "stdio.h"
int main()
{
    char cM=100, cCh='a';
    int nA=5, nB=3;
    double dbC=2.5, dbD;
    dbD=nB/2+ (int)(nA/2.0+cM/'\062'+cCh*2)/2.0;
    cCh=cCh+(int)dbD%(int)6.7;
    printf("dbD=%lf,cCh=%c\n",dbD,cCh);
    return 0;
}
```

（3）执行程序，单击"调试"菜单的"开始执行"，或者直接按快捷键 Ctrl+F5，程序的运行结果如下：

```
C:\WINDOWS\system32\cmd.exe
dbD=100.000000,cCh=e
请按任意键继续. . .
```

3. 程序说明

此程序主要考察了不同数据类型之间的转换，关于数据类型的隐式转换规则和强制转换的语法参照课本第 2 章的对应内容。main()函数中第 1 行代码定义了两个字符变量并初始化。第 2 行代码定义了两个整型变量。第 3 行代码定义了两个双精度变量。第 4 行代码是重点，表达式"nB/2"的结果是 1（因为 nB 是整型变量，C 语言中除号左右两边的操作数为整型则结果也为整型），表达式"nA/2.0"的结果为 2.5，表达式"cM/'\062'"先将"'\062'"转换为整数值 50（062 是八进制）再相除的结果为 2，表达式"cCh*2"先将"cCh"转换为 ASCII 码值 97 再乘以 2 的结果为 194，"nA/2.0+cM/'\062'+cCh*2"的值为 2.5+50+194=198.5，再对 198.5 强制转换为 int 型，结果为 198，198/2.0 结果为 99.0，再和前面 nB/2 的结果 1 相加，最后的结果为 100.0。第 5 行代码 cCh 的 ASCII 值 97 在原来的基础上增加 4（(int)dbD%(int)6.7 即 100%6 的结果为 4），得到 ASCII 值为 101，即字符 e。

案例 2-4 编写程序，输入直角三角形两条直角边的长，求三角形的周长

1. 问题分析

根据勾股定理，由两条直角边的值求出第三边的长，然后再求三角形的周长。

（1）数据输入：题目要求的是输入两个实型数据表示直角三角形两条直角边的长。

（2）数据处理：根据勾股定理计算第三条边和三角形的周长，注意数学公式在计算机语言中的表达方式。

（3）结果显示：输出三角形周长的值。

2. 操作步骤

（1）新建一个控制台应用程序，并在 main()方法中输入以下代码：

```
#include "math.h"                          /* include 称为文件包含命令*/
#include "stdio.h"                         /*扩展名为.h 的文件称为头文件*/
int main()
{
    float side1, side2, side3, len;
    printf("请输入直角三角形的 2 个直角边长:");
    scanf("%f%f", &side1, &side2);
    side3=sqrt(side1*side1+side2*side2);
    len=side1+side2 +side3;
    printf("直角三角形的三条边的边长为%f,%f,%f,周长为%f\n", side1, side2, side3, len);
    return 0;
}
```

（2）执行程序，按 scanf 中的格式控制符的规定输入数据３４，程序运行结果如下：

```
请输入直角三角形的2个直角边长: 3 4
直角三角形的三条边的边长为3.000000,4.000000,5.000000,周长为12.000000
请按任意键继续. . .
```

3. 程序说明

main()函数中的第 1 行代码定义了 4 个实型变量；第 2 行代码在屏幕上显示提示用户输入数据的信息；第 3 行代码通过 scanf 输入两个实型数据，以默认的空格、回车或 Tab 键分隔两个数据；第 4 行代码根据勾股定理完成斜边的计算，注意乘号（*）不能省略，根号利用 sqrt()函数求得；第 5 行代码计算三角形的周长；第 6 行代码输出结果。

实验题目

1. 鞋码和鞋长之间的关系是：y=2x-10（y 代表鞋码，x 代表鞋长）。编程输入鞋码，求鞋长。

2. 求((a+b)*4)/(a*b)的值。（a、b 的值由键盘输入）

3. 编程把一个三位数倒序输出，如输入 123，输出 321。

实验3　顺序结构程序设计

实验目的

　　通过本次实验，使学生掌握各种类型数据的输入输出方法，能正确使用各种格式转换符；熟练掌握顺序结构的程序设计，能够编写简单的顺序结构的应用程序。

实验内容

案例3-1　输入程序代码，并分析观察程序的运行结果

1. 问题分析

　　本案例将利用 C 程序的 printf()输出不同类型的数据的不同格式，主要考察格式控制符的灵活使用。

2. 操作步骤

　　（1）打开 Visual C++ 2010 集成开发环境，新建一个控制台应用程序。

　　（2）创建好项目后，在 main()方法中输入以下代码：

```c
#include "stdio.h"
int main()
{
    int x=010,y=10,z=0x10;                       /*整型数据表示*/
    char c1='M',c2='\x4d',c3='\115',c4=77,c;     /*字符型数据表示*/
    printf("x=%o,y=%d,z=%x\n",x,y,z);            /*整型数据的输出*/
    printf("x=%d,y=%d,z=%d\n",x,y,z);
    printf("c1=%c,c2=%x,c3=%o,c4=%d\n",c1,c2,c3,c4);  /*字符型数据的输出*/
    printf("c1=%c,c2=%c,c3=%c,c4=%c\n",c1,c2,c3,c4);
    printf("c1=%d,c2=%d,c3=%d,c4=%d\n",c1,c2,c3,c4);
    c=c1+32;                                     /*字符型数据参与算术运算*/
    printf("c=%c,c=%d\n",c,c);
}
```

　　（3）执行程序，单击"调试"菜单的"开始执行"，或者直接按快捷键 Ctrl+F5，程序的运行结果如下：

```
C:\Windows\system32\cmd.exe
x=10,y=10,z=10
x=8,y=10,z=16
c1=M,c2=4d,c3=115,c4=77
c1=M,c2=M,c3=M,c4=M
c1=77,c2=77,c3=77,c4=77
c=m,c=109
请按任意键继续. . .
```

3. 程序说明

main()函数中的第 1 行代码定义 x、y、z 三个变量，分别用八进制、十进制和十六进制形式的整数初始化；第 2 行代码定义字符变量，分别用字符常量、十六进制转义字符、八进制转义字符和 ASCII 码的形式进行初始化；第 3 行代码通过 printf()函数分别以八进制、十进制和十六进制输出 x、y、z 的值；第 4 行代码通过 printf()函数以十进制形式输出 x、y、z 的值；第 5 行代码通过 printf()函数分别以字符形式、十六进制、八进制和十进制形式输出字符变量的值；第 6 行代码通过 printf()函数以字符形式输出字符变量的值；第 7 行代码通过 printf()函数以十进制形式输出字符变量的值；第 8 行代码通过 printf()函数输出字符参与算术运算后的结果。

案例 3–2　编写程序，输入两个整数，分别输出两个数相加、相减、相乘和相除的结果

1. 问题分析

数据的输入、数据的处理和结果显示三部分内容如下：

（1）数据输入。题目要求的是输入两个整型数据。

（2）数据处理。利用+、–、*、/运算符计算两个整型数据的和、差、积、商。

（3）结果显示。显示运算结果。

2. 操作步骤

（1）打开 Visual C++ 2010 集成开发环境，新建一个控制台应用程序。

（2）创建好项目后，在 main()方法中输入以下代码：

```c
#include "stdio.h"
int main()
{
    int num1,num2,sum,sub,mul,div;                /*定义变量*/
    printf("input two numbers:");                 /*显示提示信息*/
    scanf("%d%d",&num1,&num2);                     /*输入操作数*/
    sum=num1+num2;                                 /*计算两个数的和*/
    sub=num1-num2;                                 /*计算两个数的差*/
    mul=num1*num2;                                 /*计算两个数的积*/
    div=num1/num2;                                 /*计算两个数的商*/
    printf("运算结果如下:\n");                      /*输出*/
    printf("%d+%d=%d\n",num1,num2,sum);
    printf("%d-%d=%d\n",num1,num2,sub);
    printf("%d*%d=%d\n",num1,num2,mul);
    printf("%d/%d=%d\n",num1,num2,div);
    return 0;
}
```

（3）执行程序，单击"调试"菜单的"开始执行"，或者直接按快捷键 Ctrl+F5，程序的运行结果如下：

3. 程序说明

本案例主要考察算术运算符的用法及输出控制符的灵活使用。在输出语句中，printf()的格式控制符中，普通字符要原样输出。对于printf()的具体应用可以参照课本第3章的相关内容。

案例3-3　编写程序，分别打印一个4位整数的各个数据位

1. 问题分析

一个4位数是一个整数，要根据数据之间的组合规律将其分解为4个整数，分别为个位数字、十位数字、百位数字和千位数字。在分解过程中，灵活运用除法运算符（/）和求模运算符（%）来解决问题。

（1）数据输入：题目要求的是输入一个整型数据。

（2）数据处理：根据除法运算符和求模运算符的特点，一个整数对10求模结果即为个位数字，一个整数除以10后对10求模的结果为十位数字，以此类推，分别得到各个位上的数字。

（3）结果显示：输出各位上的数字。

2. 操作步骤

（1）新建一个控制台应用程序，并在main()方法中输入以下代码：

```
#include "math.h"                    /*include 称为文件包含命令*/
#include "stdio.h"                   /*扩展名为.h 的文件称为头文件*/
int main()
{
    int num,bit1,bit2,bit3,bit4;     /*定义五个整型变量*/
    printf("input a number: ");      /*显示提示信息*/
    scanf("%d",&num);                /*接收一个整型数据*/
    bit1=num%10;                     /*求个位数字*/
    bit2=num/10%10;                  /*求十位数字*/
    bit3=num/100%10;                 /*求百位数字*/
    bit4=num/1000 ;                  /*求千位数字*/
    printf("%d,个位:%d,十位:%d,百位:%d,千位:%d\n",num,bit1,bit2,bit3,bit4);      /*输出各数据位*/
    return 0;
}
```

（2）执行程序，按提示输入4位整数，例如"2018"，程序运行结果如下：

3. 程序说明

main()函数中的第 1 行代码为定义变量，C 语言规定所有变量必须先定义后使用；第 2 行代码是为了在屏幕上显示提示信息，增强人机之间的交互性；第 3 行代码通过 scanf()函数完成输入一个整数；第 4 行代码利用求模运算符（%）获取个位数字，例如 1234%10 的结果为 4；第 5 行代码先利用除法运算符（/）将 4 位数字缩小为 3 位整数，然后再利用求模运算符（%）获取十位数字，例如 1234/10 的结果为 123，再计算 123%10 的结果为 3；第 6 行代码先利用除法运算符（/）将 4 位数字缩小为 2 位整数，然后再利用求模运算符（%）获取百位数字，例如 1234/100 的结果为 12，再计算 12%10 的结果为 2；第 7 行代码利用除法运算符（/）将 4 位数字缩小为 1 位整数，利用 1234/1000 的结果为 1；最后通过 printf()函数分别输出计算结果。

注意：除法运算符的两个操作数均为整数时，商也为整数。

案例 3-4　编写程序，输入一元二次方程的 3 个系数，求一元二次方程的根

1. 问题分析

根据一元二次方程的求根公式，分别计算两个实根的值即可，题目假设方程有实根。

（1）数据输入：题目要求的是输入 3 个实型数据。

（2）数据处理：根据求根公式进行计算，注意数学公式在计算机语言中的表达方式。

（3）结果显示：输出两个实根的值。

2. 操作步骤

（1）新建一个控制台应用程序，并在 main()方法中输入以下代码：

```c
#include "math.h"                    /* include 称为文件包含命令*/
#include "stdio.h"                   /*扩展名为.h 的文件称为头文件*/
int main()
{
    float a,b,c,disc,x1,x2,p,q;
    scanf("a=%f,b=%f,c=%f\n",&a,&b,&c);
    disc=b*b-4*a*c;
    p=-b/(2*a);
    q=sqrt(disc)/(2*a);
    x1=p+q;
    x2=p-q;
    printf("x1=%5.2f; x2=%5.2f\n",x1,x2);
    return 0;
}
```

（2）执行程序，按提示输入一元二次方程的 3 个系数，例如 a=1、b=5、c=3，程序运行结果如下：

```
C:\Windows\system32\cmd.exe
a=1,b=5,c=3
x1=-0.70; x2=-4.30
请按任意键继续. . .
```

3. 程序说明

main()函数中的第 1 行代码为定义变量，C 语言规定所有变量必须先定义后使用；第 2 行代码是为了在屏幕上显示提示信息，注意此处应输入"a=?,b=?,c=?"的形式，具体原因可以参考课本第 3 章的相关内容；第 3 行代码中需要注意在计算机语言中乘号（*）的写法且不能省略；第 4 行代码注意分母"2*a"必须加小括号，否则 a 乘到分子上；第 5 行代码注意 sqrt()是系统函数，需要在函数头部引入头文件 math.h；第 8 行代码输出结果，对于格式控制符"%5.2f"的含义可以参考课本第 3 章的相关内容，表示结果保留 2 位小数，数据占 5 个宽度显示。

实验题目

1. 编程把大写字母转换为其后面的第 3 个字母，例如将 A 转换为 D，B 转换为 E，....，W 转换为 Z，X 转换为 A，Y 转换为 B，Z 转换为 C。

2. 输入梯形的上底、下底和高，求梯形的面积。

3. 输入球的半径，求球的表面积和体积。

4. 输入两个点的坐标，求两点之间的距离。

实验 4 分支结构程序设计

实验目的

通过本次实验，掌握逻辑运算符及逻辑表达式的含义和作用，熟练掌握各种 if 语句的使用方法，熟练掌握 switch 多分支选择结构的使用方法，并能熟练使用分支结构解决常见问题。

实验内容

案例 4-1 任意输入一个年份，判断是否是闰年

1. 问题分析

闰年的条件是符合下面条件之一：能被 4 整除，但不能被 100 整除；能被 400 整除。

数据的输入、数据的处理和结果显示三部分内容如下：

（1）数据输入。题目要求的是输入一个整型数据代表年份。

（2）数据处理。根据输入，判断此数是否满足能被 4 整除但不能被 100 整除或者能被 400 整除。

（3）结果显示。如果（2）的结果为真则输出"yes"，否则输出"no"。

2. 操作步骤

（1）打开 Visual C++ 2010 集成开发环境，新建一个控制台应用程序。

（2）创建好项目后，在 main() 方法中输入以下代码：

```c
#include "stdio.h"
int main()
{
    int year;
    printf("请输入年份：");
    scanf("%d",&year);
    if(((year%4==0) && (year%100!=0)) || (year%400==0))
        printf("%d 是闰年\n",year);
    else
        printf("%d 不是闰年\n",year);
    return 0;
}
```

（3）执行程序，单击"调试"菜单的"开始执行"，或者直接按快捷键 Ctrl+F5，程序的运行结果如下：

```
C:\Windows\system32\cmd.exe
请输入年份：2018
2018不是闰年
请按任意键继续. . .
```

3. 程序说明

用 C 语言语法表述闰年的写法是本程序的难点。判断闰年的条件有 $year\%4==0$（能被 4 整除）、$year\%100!=0$（不能被 100 整除）和 $year\%400==0$（能被 400 整除）。前两个条件是并且关系，用"&&"连接，与最后一个条件是或者关系，用"||"连接。if 条件后没有分号，这是许多初学者容易犯的错误。

案例 4-2 输入三角形的三个边长，求三角形的面积

1. 问题分析

数据的输入、数据的处理和结果显示三部分内容如下：

（1）数据输入。题目要求的是输入三个实型数据代表三个边长 a、b、c。

（2）数据处理。根据三边输入和数学中对三角形的规定，任意两边之和大于第三边（$(a+b>c)\&\&(b+c>a)\&\&(a+c>b)$）判断是否能构成三角形，如果能则根据海伦公式（$p=(a+b+c)/2$，$s=\sqrt{p(p-a)(p-b)(p-c)}$）计算面积；否则给出提示。

（3）结果显示。三角形的面积或者提示不能构成三角形。

2. 操作步骤

（1）打开 Visual C++ 2010 集成开发环境，新建一个控制台应用程序。

（2）创建好项目后，在 main()方法中输入以下代码：

```c
#include "stdio.h"
#include "math.h"
int main()
{
    float a,b,c,p,s;
    printf("请输入三角形的三个边长:");
    scanf("%f%f%f",&a,&b,&c);
    if((a+b>c)&&(b+c>a)&&(a+c>b))
    {
        p=(a+b+c)/2;
        s=sqrt(p*(p-a)*(p-b)*(p-c));
        printf("面积 S=%.2f",s);
    }
    else
        printf("构不成三角形!\n");
    return 0;
}
```

（3）执行程序，单击"调试"菜单的"开始执行"，或者直接按快捷键 Ctrl+F5，程序的运行结果如下：

3. 程序说明

程序有两个易错点。一是三角形的判定条件用 C 语言表达式来描述，即 a+b>c&&a+c>b&&b+c>a。二是利用海伦公式求面积，公式中的乘号不能省略，根号使用库函数 sqrt() 来计算。

 案例 4-3　任意输入一个成绩，给出评语。90~100：优秀；80~89：良好；60~79：及格；0~59：不及格

1. 问题分析

数据的输入、数据的处理和结果显示三部分内容如下：

（1）数据输入。题目要求的是输入一个实型数据 score 代表成绩。

（2）数据处理。根据输入值，判断 score 在哪个分数段中，然后输出相对应的提示信息。

（3）结果显示。显示判定结果。

2. 操作步骤

（1）打开 Visual C++ 2010 集成开发环境，新建一个控制台应用程序。

（2）创建好项目后，在 main() 方法中输入以下代码：

```
#include "stdio.h"
int main()
{
    int score;
    printf("input your score: ");
    scanf("%d",&score);
    if(score>100||score<0)    printf("input error.\n");
        else if(score>=90)        printf("优秀.\n");
            else if(score>=80)        printf("良好.\n");
                else if(score>=60)        printf("及格.\n");
                    else printf("不及格.\n");
    return 0;
}
```

（3）执行程序，单击"调试"菜单的"开始执行"，或者直接按快捷键 Ctrl+F5，程序的运行结果如下：

```
C:\Windows\system32\cmd.exe
input your score: 88
良好.
请按任意键继续...
```

3. 程序说明

此程序中的多分支判定利用 if、else if 结构实现。这个题目中要注意 else if 隐含对前一条件的否定。此题目还可以用 switch 语句实现，但是要注意 switch 后面表达式的处理，如何将连续的区间映射到可枚举的整数。

 实验题目

1. 用 if 语句或 switch 语句实现菜单功能。

```
************************************
*          1—成绩输入          *
*          2—成绩插入          *
*          3—成绩查询          *
*          4—成绩排序          *
*          5—成绩删除          *
*          6—成绩输出          *
*          0—退出              *
************************************
```

请输入你的选择（0～6）。

2. 任意输入 3 个数据，按从大到小的顺序输出。

3. 编程输入出租车的起步价、起步距离、每公里单价和行驶距离，求应付车费。

4. 企业发放的奖金根据利润提成。利润 I≤100 000 时，奖金可提 10%；100 000<I≤200 000 时，低于 10 万元的部分仍按 10% 提成，高于 10 万元的部分按 7% 提成；200 000<I≤400 000 时，低于 20 万元的部分仍按上述办法提成，高于 20 万元的部分按 5% 提成；400 000<I≤600 000 时，高于 40 万元的部分按 3% 提成；600 000<I≤1 000 000 时，高于 60 万元的部分按 1.5% 提成；I>1 000 000 时，超过 100 万元的部分按 1% 提成。从键盘上输入当月利润 I，求应发奖金总数。

实验 5　循环结构程序设计

 实验目的

通过本次实验，熟练掌握循环语句 for、while 和 do-while 的使用；加深理解循环的概念、掌握循环的规则及执行过程；掌握 break 与 continue 语句的功能及在循环中的用法；掌握常用的循环算法，并能利用循环解决实际问题。

 实验内容

案例 5-1　编程求 1+2+3+…+100 的和

1. 问题分析

数据的输入、数据的处理和结果显示三部分内容如下：

（1）数据输入。无。

（2）数据处理。根据规律，利用累加法求和。用变量 sum 作为累加器，存放和，用变量 i 表示累加变量，分别存放 1，2，3，…，100。先设 sum 为 0，将第一个数 1 和 sum 相加再放到 sum 中，即"sum=sum+1"，以此类推，i 和 sum 相加的表达式为"sum=sum+i"，最后一个数 100 和 sum 相加后放入 sum，sum 中为前面所有数的总和。

（3）结果显示。输出累加和 sum 的值。

2. 操作步骤

（1）打开 Visual C++ 2010 集成开发环境，新建一个控制台应用程序。

（2）创建好项目后，在 main()方法中输入以下代码：

方法一　（while 结构）

```c
#include "stdio.h"
int main()
{
    int sum=0, i=1;                 /*变量初始化*/
    while (i<=100)
    {
        sum=sum+i;
        i++;
    }
    printf("sum is %d\n",sum);
    return 0;
}
```

方法二　（do-while 结构）

```
#include "stdio.h"
int main()
{
    int sum=0, i=1;
    do
    {
        sum=sum+i;
        i++;
    }while (i<=100);
    printf("sum is %d\n",sum);
    return;
}
```

方法三 （for 结构）

```
#include "stdio.h"
int main()
{
    int i,sum=0;
    for(i=1;i<=100;i++)
        sum=sum+i;
    printf("sum=%d\n",sum);
    return 0;
}
```

（3）执行程序，单击"调试"菜单的"开始执行"，或者直接按快捷键 Ctrl+F5，程序的运行结果如下：

3. 程序说明

此程序是循环中典型的累加求和法，累加法就是把多个数相加求和，关键是找到加数的变化规律来设计循环。算法思路是，设置累加和变量 sum 初值为 0，设置循环变量 i，循环条件及 i 的变化规律后利用循环执行"sum=sum+i;"语句，最后输出 sum 的值，即为所求结果。像 1+1/2+1/3+1/4+…+1/100 或者 1-3+5-7+9-…+99 之类的都是累加和的变式，只是累加项变化的规律不同而已。

案例 5-2 编程求 1 到 100 之间的奇数之和，偶数之积

1. 问题分析

数据的输入、数据的处理和结果显示三部分内容如下：

（1）数据输入。无。

（2）数据处理。根据规律，奇数项利用累加法求和，偶数项利用累乘法求积。用变量 sum 作为累加器存放和，初值为 0，用变量 mul 作为累乘积，初值为 1，用变量 i 表示操作数，

初值为 1。如果 i 为奇数，则求累加和，即将 i 和 sum 相累加的表达式为"sum=sum+i"，否则求累乘积，将 i 和 mul 相累乘的表达式为"mul=mul*i"，i 每次加 1 转换为下一个操作数，当 i>100 时停止运算，sum 和 mul 即为所求结果。

（3）结果显示。输出累加和 sum 累乘积 mul 的值。

2. 操作步骤

（1）打开 Visual C++ 2010 集成开发环境，新建一个控制台应用程序。

（2）创建好项目后，在 main()方法中输入以下代码：

方法一 （while 结构）

```c
#include "stdio.h"
int main()
{
    double mul=1;                    /*双精度类型*/
    int i=1,sum=0;
    while (i<=100)
    {
        if (i%2!=0)
            sum=sum+i;
        else
            mul=mul*i;
        i++;
    }
    printf("sum=%d\n",sum);
    printf("mul=%e\n",mul);          /*科学计数法输出*/
    return 0;
}
```

方法二 （for 结构）

```c
#include "stdio.h"
int main()
{
    int i,sum=0;
    double mul=1;
    for(i=1;i<=100;i++)
        if(i%2==1)
            sum=sum+i;
        else
            mul=mul*i;
    printf("sum=%d,mul=%e\n",sum,mul);
    return 0;
}
```

（3）执行程序，单击"调试"菜单的"开始执行"，或者直接按快捷键 Ctrl+F5，程序的运行结果如下：

3. 程序说明

此程序是将累加和累乘算法融合在一起，只要明确累加和累乘的算法思想和程序设计要素就能解决问题。累加和累乘算法需要注意，初值的设置，累加和初值为 0，累乘积初值为 1；其次，"累"的含义在于赋值号左右均有变量名，即 "sum=sum+i,mul=mul*i;"。

案例 5-3 编程输入一行字符，若是大写字母需要转换成小写字母输出

1. 问题分析

（1）通过键盘接收一个字符。

（2）判断该字符是否为回车符，是则转（4），不是则转（3）。

（3）判断接收的字符是否为大写字母，是则转换为小写字母并输出，不是则直接输出，程序转回到（1）。

（4）程序结束。

2. 操作步骤

（1）打开 Visual C++ 2010 集成开发环境，新建一个控制台应用程序。

（2）创建好项目后，在 main()方法中输入以下代码：

```c
#include "stdio.h"
int main()
{
    char ch;
    while((ch=getchar())!= '\n')
    {
        if(ch>='A'&&ch<='Z')
            ch=ch+32;
        putchar(ch);
    }
    return 0;
}
```

（3）执行程序，单击"调试"菜单的"开始执行"，或者直接按快捷键 Ctrl+F5，程序的运行结果如下：

3. 程序说明

此程序利用循环操作多个字符，注意 while 条件的写法，先输入字符，再判定输入的字符是否是回车。循环体完成字符的转换，如果是大写则转换为小写，这是单分支 if 语句，后面的 putchar()和 if 没有关系，不管有没有转换字符，都会输出字符。

案例5-4　编程求 $2^0+2^1+2^2+2^3+\cdots+2^{63}$ 的和

1．问题分析

（1）变量设定。

s：存放累加和　　t：存放每项的值　　i：循环次数

（2）算法分析。

① 循环累加，用"s=s+t;"或"s+=t;"。

② 每项可递推计算，"t=t*2;"或"t*=2;"。

③ 初值"s=1,t=1"，循环63次。

2．操作步骤

（1）打开 Visual C++ 2010 集成开发环境，新建一个控制台应用程序。

（2）创建好项目后，在 main()方法中输入以下代码：

```
#include "stdio.h"
int main()
{
    int i;
    float s=1,t=1;
    for (i=1;i<=63;i++)
    {
        t*=2;
        s+=t;
    }
    printf("s=%e\n",s);
    return 0;
}
```

（3）执行程序，单击"调试"菜单的"开始执行"，或者直接按快捷键 Ctrl+F5，程序的运行结果如下：

```
C:\Windows\system32\cmd.exe
s=1.844674e+019
请按任意键继续. . .
```

3．程序说明

此程序外面是一个累加算法，但是累加项不是几个简单的加数，而是累乘积。累加项从 0 到 63 共 64 项，累加和变量为 1（2^0 的值为 1），循环从第二项开始累加，每项用 2 乘以累乘积变量 t 得到加数。i=1 时，t 的值为 2^1，i=2 时，t 的值为 2^2，以此类推，i=63 时，t 的值为 2^{63}，即得到最终结果。

案例5-5　从键盘上任意输入一个正整数，判断其是否为素数

1．问题分析

素数是除了 1 和它本身之外没有其他因子的数。换句话说，只要有因子（除了 1 和它本身之外），则该数一定不是素数。

算法思路：

（1）从键盘输入一正整数，存入变量 m 中。

（2）测定 m 是否有约数，利用变量"i=2～(m-1)"，逐个验证 m%i 是否等于 0。

（3）如果 m%i==0，说明 m 有约数，不符合素数的条件，后续的 i 不必验证，退出验证过程。

（4）根据退出的条件判定 m 是否有约数，若非正常退出说明 m 有约数 i，否则没有约数，即为素数。

2．操作步骤

（1）打开 Visual C++ 2010 集成开发环境，新建一个控制台应用程序。

（2）创建好项目后，在 main()方法中输入以下代码：

```c
#include "stdio.h"
int main()
{
    int m,i;
    scanf("%d",&m);
    for(i=2;i<=m-1;i++)
       if(m%i==0) break;
    if(i>m-1)
        printf("%d is a prime",m);
    else
        printf("%d is not a prime",m);
    return 0;
}
```

（3）执行程序，单击"调试"菜单的"开始执行"，或者直接按快捷键 Ctrl+F5，程序的运行结果如下：

3．程序说明

素数的概念是除了 1 和它本身之外没有其他因子的数，程序的设计从概念出发，对于整数 m，只需要判定从 2～(m-1)这个区间内是否能被 m 整除。如果找到能整除的，则提前退出循环，否则程序继续循环下一个数。此程序的难点在于结论的输出，因为上面的 for 循环有两个出口，一是 for 循环条件 i≤m-1 不满足了，二是 break 中提前跳出循环。二者代表的结论不相同，如果从 for 循环条件不满足跳出循环（i>m-1），说明在 2～（m-1）过程中没有找到整除的因数，也即 m 是素数；如果从 break 中跳出循环（i≤m-1）则说明找到能被 m 整除的因数，则 m 不是素数。

实验题目

1．任意输入两个整数，求它们的最大公约数。

2. 打印形状为直角三角形的乘法口诀。

3. 输出所有的"水仙花数"。所谓"水仙花数",是指一个 3 位数,其各位数字的立方和等于该数本身。例如 153 是一个"水仙花数",因为 153=1^3+5^3+3^3。

4. 编写代码,实现三次密码验证。

5. 编写代码,实现实验 4 中实验题目 1 可以多次选择不同选项的功能。

实验6 结构化程序设计与算法认识

 实验目的

掌握多重循环的使用，理解多重循环的执行过程；掌握常用多重循环算法的概念，并在编程中进行具体算法的应用。

 实验内容

案例6-1 编程找出100以内的所有素数并输出

1．问题分析

这是一个穷举问题，通过对2至100之间的数据逐一进行验证是否是素数，从而解决该问题。

（1）设定变量m：2～100。

（2）判断m是否为素数，是则输出当前的m，否则不输出。

（3）更新m值，返回（2）。

（4）以上3步重复执行，直到m的值超过100。

2．操作步骤

（1）打开Visual C++ 2010集成开发环境，新建一个控制台应用程序。

（2）创建好项目后，在main()方法中输入以下代码：

```c
#include "stdio.h"
int main()
{
    int m,i;
    for(m=2;m<=100;m++)
    {
        for(i=2;i<=m-1;i++)
            if(m%i==0)    break;
        if(i>m-1)
                printf("%5d",m);
    }
    return 0;
}
```

（3）执行程序，单击"调试"菜单的"开始执行"，或者直接按快捷键Ctrl+F5，程序的运行结果如下：

3. 程序说明

此程序是典型的穷举问题,思路就是对 2 至 100 之间的每个数 m 进行是否是素数的判定。完成这步则需要一个循环 "for(m=2;m<=100;m++);",循环体就是判定 m 是否是素数,参照案例 5-5。多层循环先理解框架和层次,再理解具体的循环体语句。

案例 6-2 搬砖问题:36 块砖,36 人搬,男搬 4,女搬 3,两个小孩抬 1 砖,要求一次搬完,问男、女和小孩各多少人

1. 问题分析

(1)男人(men)的可能取值范围为 0~8。

(2)女人(women)的可能取值范围为 0~11。

(3)孩子(children)的可能取值范围为 0~36。

要求这三个数的组合符合以下条件:

① men*4+women*3+children/2==36。

② 要求 children 为偶数。

采用穷举法,首先考虑 men 分别取 0~8 中的各值时,找符合题意的 women 和 children,得到:

for(men=0;men<=8;men++),找符合条件的 women 和 children。

for(women=0;women<=11;women++),找符合条件的 children。

2. 操作步骤

(1)打开 Visual C++ 2010 集成开发环境,新建一个控制台应用程序。

(2)创建好项目后,在 main()方法中输入以下代码:

```c
#include "stdio.h"
int main()
{
    int men,women,children;
    men=0;
    while(men<=8)
    {
        women=0;
        while(women<=11)
        {
            children=36-men-women;
            if((men*4+women*3+children/2==36)&&children%2==0)
                printf("men=%d,women=%d,children=%d\n",men,women,children);
            women++;
        }
        men++;
    }
```

```
        return 0;
    }
```

（3）执行程序，单击"调试"菜单的"开始执行"，或者直接按快捷键 Ctrl+F5，程序的运行结果如下：

3. 程序说明

此程序是典型的穷举法案例。外循环列出所有 men 可能的人数（0~8），内循环列出在外循环的某一取值下 women 可能的人数（0~11），小孩的人数由总人数减去男人和女人的人数得到。对每一种情况，都要判定是否满足砖的总数量且小孩的人数是偶数，如果此次列举的男人数、女人数和小孩数满足条件，输出结果。

案例6-3　计算和统计旅客运费程序

由键盘输入旅客行李重量（w），按公式

若（w≤50 kg）f=1.5*w，若（w>50 kg）f=1.5*50 + 2.8*(w−50)

计算运费，要求：

（1）打印每位旅客的顺序号、行李重量、应付运费。

（2）假定每天最多办理 100 人的行李托运手续或当 w≤0 时循环结束，下班时打印出全天的运费总收入和办理的总人数。

1. 问题分析

（1）输入行李重量 w，若 w≤0，转（6）。

（2）根据 w 的值，选择公式计算运费 f。

（3）确定顺序号 num。

（4）打印 num、w、f，若 num≤100，转（1）。

（5）累加运费收入 total=total+f。

（6）结束。

2. 操作步骤

（1）打开 Visual C++ 2010 集成开发环境，新建一个控制台应用程序。

（2）创建好项目后，在 main()方法中输入以下代码：

方法一　　（while 结构）

```c
#include "stdio.h"
int main()
{
    int num=0;
    float w,f,total=0;
    scanf("%f",&w);
    while (w>0&&num<100 )
    {
        if (w<=50)
            f=1.5*w;
```

```
        else
            f=1.5*50+2.8*(w-50);
        num++;
        printf ("%d,%6.0f,%8.2f\n",num,w,f);
        total+=f;
        scanf ("%f",&w);
    }
    printf ("Customers=%d TotalIncome=%10.2f\n",num,total);
    return 0;
}
```

方法二　（do-while 结构）

```
#include "stdio.h"
int main()
{
    int num=0;
    float w,f,total=0;
    do
    {
        scanf("%f",&w);
        if (w<=0)   break;
        if (w<=50)
            f=1.5*w;
        else
            f=1.5*50+2.8*(w-50);
        num++;
        printf ("%d %6.0f %8.2f\n",num,w,f);
        total+=f;
    }while (num<100);
    printf ("Customers=%d TotalIncome=%10.2f\n",num,total);
    return 0;
}
```

方法三　（for 结构）

```
#include "stdio.h"
int main()
{
    int num;
    float w,f,total=0;
    scanf("%f",&w);
    for (num=1;w>0&&num<=100;num++)
    {
```

```
        if (w<=50)
            f=1.5*w;
        else
            f=1.5*50+2.8*(w-50);
        printf ("%d %6.0f %8.2f\n",num,w,f);
        total+=f;
        scanf("%f",&w);
    }
    printf ("Customers=%d TotalIncome=%10.2f\n",num,total);
    return 0;
}
```

（3）执行程序，单击"调试"菜单的"开始执行"，或者直接按快捷键 Ctrl+F5，程序的运行结果如下：

3. 程序说明

此程序经分析得知，每天最多办理 100 人的行李，所以外循环的设置 num 循环 100 次，每次需要做的循环体是根据 w 的值，选择合适的公式计算费用，然后累加当前费用到累加和中。注意三种不同的循环格式的书写特点。

实验题目

1. 任意输入一行字符，分别统计字母、数字、空格和其他字符的个数。

2. 实现菜单功能，当输入为"退出"的控制符时结束。

```
*********************************
*               1—input        *
*               2—search       *
*               3—sort         *
*               4—delete       *
*               0—exit         *
*********************************
```

please input your choice(0 ~ 4)。

当选项为 1 时，能输入一行字符，回车结束。

3. 编程实现多道+、-、*、/的运算，具体要求如下：

① 实现 10 道题目的运算，并判定结果是否正确。

② 统计正确数量和正确率。

③ 做题数目能否改为询问是否继续，而不是固定的个数 10?

4. 一只老鼠将一个账本咬坏一个洞，公式中的"□"就是被老鼠咬坏的部分，你能把公式填写完整吗？

    3□*6237=□3*3564

实验 7　数组的构造与应用

实验目的

　　通过本次实验，使学生熟练掌握一维数组的基本概念，如何定义一维数组，如何初始化一维数组，输入、输出、引用数组元素等方法；熟练掌握字符数组和字符串函数的使用；掌握二维数组的相关操作，如引用数组元素、行（列）求和、行（列）大小值、整个数组的输入输出等；掌握与一维数组有关的常用算法，如找大小值、排序、首尾颠倒等；掌握与二维数组有关的算法，如找大小值（或位置）、转置数组等。

实验内容

案例 7-1　一个班有 30 个同学，通过键盘输入成绩，并打印输出，每行输出 10 个同学的成绩

1. 问题分析

（1）定义一个数组用来存放 30 个成绩数据。

```
int score[30];
```

（2）用循环结构实现成绩输入。

```
for(i=0;i<30;i++)
        scanf("%d",&score[i]);
```

（3）用循环结构实现成绩输出，并控制换行。

```
for(i=0;i<30;i++)
{
        printf("%5d",score[i]);
        if((i+1)%10==0)    printf("\n");
}
```

2. 操作步骤

（1）打开 Visual C++ 2010 集成开发环境，新建一个控制台应用程序。

（2）创建好项目后，在 main()方法中输入以下代码：

```
#include "stdio.h"
int main()
{
        int i;
        int score[30];                          /*成绩数组的定义*/
        for(i=0;i<30;i++)                      /*输入成绩*/
            scanf("%d",&score[i]);
```

```
    for(i=0;i<30;i++)                    /*输出成绩*/
    {
        printf("%5d",score[i]);
        if((i+1)%10==0)
            printf("\n");                /*输出 10 个数据换行*/
    }
    return 0;
}
```

（3）执行程序，单击"调试"菜单的"开始执行"，或者直接按快捷键 Ctrl+F5，程序的运行结果如下：

3. 程序说明

数组的实质是一次定义多个变量，通过此题目，使读者掌握一维数组的定义、利用循环遍历一维数组的多个元素进行输入输出。

案例 7-2　一个班有 n 个同学，通过键盘输入成绩，求 n 个学生的平均成绩，并输出高于平均分的学生的成绩

1. 问题分析

（1）输入 n 的值及 n 个成绩。

（2）对成绩进行汇总求和，存入变量 s 中。

（3）求平均分 average=s/n。

（4）输出平均分 average。

（5）输出高于 average 的学生的成绩。

2. 操作步骤

（1）打开 Visual C++ 2010 集成开发环境，新建一个控制台应用程序。

（2）创建好项目后，在 main()方法中输入以下代码：

```
#include "stdio.h"
int main()
{
    int n,i,s=0;
    int score[30];
    float average;
    printf("请输入学生的人数:");
    scanf("%d",&n);
    printf("请输入%d 学生的成绩:\n",n);
    for(i=0;i<n;i++)
    {
```

```
        scanf("%d",&score[i]);
        s=s+score[i];
    }
    average=(float)s/n;
    printf("平均分为：%.1f\n",average);
    printf("高于平均分的成绩为:");
    for(i=0;i<n;i++)
    {
        if(score[i]>average)
            printf("%d    ",score[i]);
    }
    return 0;
}
```

（3）执行程序，单击"调试"菜单的"开始执行"，或者直接按快捷键 Ctrl+F5，程序的运行结果如下：

3. 程序说明

通过此题目，使读者掌握一维数组的定义，利用循环引用数组元素，并对数组元素求累加和逐个判定。读者还可以统计高于平均分的成绩的个数。

案例 7-3　一个班有 n 个同学，通过键盘输入成绩，对 n 个学生的成绩进行排序

1. 问题分析

两种基本算法：

（1）起泡法。将相邻两个数进行比较，小的调到前面。

（2）选择法。将前面的数和后面的所有数依次进行比较，记住小数的下标，当比较完一遍后，用前面的数和该小数进行交换。

2. 操作步骤

（1）打开 Visual C++ 2010 集成开发环境，新建一个控制台应用程序。

（2）创建好项目后，在 main()方法中输入以下代码：

方法一　（起泡法）

```
#include "stdio.h"
int main()
{
    int score[10], i,j,k,n=10;
    printf("输入成绩:\n");
```

```
        for(i=0;i<n;i++)
            scanf("%d",&score[i]);
        for(i=0;i<n-1;i++)
            for(j=0;j<n-i-1;j++)
                if(score[j]>score[j+1] )
                {
                    k=score[j];
                    score[j]=score[j+1];
                    score[j+1]=k;
                }
            for(i=0;i<n;i++)
                printf("%5d", score[i]);
            printf("\n");
        return 0;
}
```

方法二 （选择法）

```
#include "stdio.h"
int main()
{
    int i,j,k,m,score[10],n=10;
    for(i=0;i<n;i++)
        scanf("%d",&score[i]);
    for(i=0;i<n-1;i++)
    {
        k=i;
        for(j=i+1;j<n;j++)
            if (score[k]>score[j])
                k=j;
            m=score[i];
            score[i]=score[k];
            score[k]=m;
    }
    for(i=0;i<n;i++)
        printf("%5d", score[i]);
    printf("\n");
    return 0;
}
```

（3）执行程序，单击"调试"菜单的"开始执行"，或者直接按快捷键 Ctrl+F5，程序的运行结果如下：

3. 程序说明

通过此题目，使读者掌握数据的排序算法的思想并利用代码实现，注意两种不同排序算法思想的区别。

案例 7-4　求一个 3 行 4 列整型数组的平均数

1. 问题分析

（1）定义一个二维数组 a[3][4]。

（2）为数组赋值。

（3）累加元素的和存入变量 s 中。

（4）求平均数 average=s/12。

（5）输出平均数 average。

2. 操作步骤

（1）打开 Visual C++ 2010 集成开发环境，新建一个控制台应用程序。

（2）创建好项目后，在 main()方法中输入以下代码：

```c
#include "stdio.h"
int main()
{
    int a[3][4],i,j,s=0,average;
    for(i=0;i<3;i++)
        for(j=0;j<4;j++)
            scanf("%d",&a[i][j]);
    for(i=0;i<3;i++)
        for(j=0;j<4;j++)
            s+=a[i][j];
    average=s/12;
    printf("average=%5d\n",average);
    return 0;
}
```

（3）执行程序，单击"调试"菜单的"开始执行"，或者直接按快捷键 Ctrl+F5，程序的运行结果如下：

3. 程序说明

通过此题目，使读者掌握二维数组的定义方法，通过双层循环引用二维数组的元素，外循环控制行数，内循环控制列数，a[i][j]为 i 行 j 列的数组元素，相当于普通变量名，可以进行输入、输出、求和等各种运算。

案例 7-5 编程实现把一个 3 行 3 列的二维数组转置输出

1. 问题分析

（1）定义一个二维数组 a[3][3]。

（2）为数组赋值。

（3）交换 a[i][j]与 a[j][i]的值。

（4）输出交换后的数组 a。

2. 操作步骤

（1）打开 Visual C++ 2010 集成开发环境，新建一个控制台应用程序。

（2）创建好项目后，在 main()方法中输入以下代码：

```c
#include "stdio.h"
int main()
{
    int a[3][3],i,j,t=0;
    for(i=0;i<3;i++)
        for(j=0;j<3;j++)
            scanf("%d",&a[i][j]);
    for(i=0;i<3;i++)
        for(j=0;j<i;j++)
        {
            t=a[i][j];
            a[i][j]=a[j][i];
            a[j][i]=t;
        }
    for(i=0;i<3;i++)
    {
        for(j=0;j<3;j++)
            printf("%5d\n",a[i][j]);
        printf("\n");
    }
    return 0;
}
```

（3）执行程序，单击"调试"菜单的"开始执行"，或者直接按快捷键 Ctrl+F5，程序的运行结果如下：

3. 程序说明

通过此题目，使读者掌握二维数组的定义方法，通过双层循环引用二维数组的元素，理解根据数组元素的位置访问数组元素的方法。转置矩阵是矩阵中行列互换对应的元素值，即将 a[i][j] 和 a[j][i] 进行交换，交换 2 个变量的值必须借助于第三个变量 t 来完成。

案例 7-6 编程将两个字符串连接起来

1. 问题分析

（1）定位：第一个字符串的'\0'的位置。

（2）从'\0'开始把第二个字符串的字符依次放入第一个字符串的后端，直至第二个字符串的'\0'。

（3）检验第一个字符串的末端是否有结束符'\0'，若没有，修正所得的字符串，在它的末端加上'\0'。

2. 操作步骤

（1）打开 Visual C++ 2010 集成开发环境，新建一个控制台应用程序。

（2）创建好项目后，在 main()方法中输入以下代码：

```c
#include "stdio.h"
#include "string.h"
int main()
{
    char s1[80],s2[80];
    int i=0,j=0;
    gets(s1);
    gets(s2);
    while(s1[i]!='\0')   i++;
    while(s2[j]!='\0')
    {
        s1[i]=s2[j];
        i++;
        j++;
    }
    s1[i]='\0';
    puts(s1);
    return 0;
}
```

（3）执行程序，单击"调试"菜单的"开始执行"，或者直接按快捷键 Ctrl+F5，程序的运行结果如下：

```
C:\Windows\system32\cmd.exe
I love China
Do you know?
I love ChinaDo you know?
请按任意键继续. . .
```

3．程序说明

程序第 1 行代码定义了两个字符数组；第 3 至 4 行代码分别输入两个字符串并存入字符数组中；第 5 行代码让 i 指向第一个数组的末尾\0；从第 6 至 11 行的 while 完成将第 2 个字符数组的每个字符复制到第 1 个数组中，注意 j 从 0 开始，i 从\0 的位置开始。当第 2 个数组所有元素复制完毕后，最后将\0 放到第 1 个数组末尾，作为字符串结束的标志，最后输出第一个字符数组的内容即为拷贝后的结果。

案例 7-7　有 3 个字符串（长度不超过 20），要求找出其中最大者

1．问题分析

（1）输入 3 个字符串，存入二维字符数组中。

（2）先取前两个字符串比较，找出大的存入 string 数组中。

（3）用 string 和后续的依次进行比较，当出现比 string 大的时更新 string 的值。

（4）输出 string 中的字符串。

2．操作步骤

（1）打开 Visual C++ 2010 集成开发环境，新建一个控制台应用程序。

（2）创建好项目后，在 main()方法中输入以下代码：

```c
#include "stdio.h"
int main()
{
    char string[20],str[3][20];
    int i;
    for(i=0;i<3;i++)
        gets(str[i]);
    if (strcmp(str[0],str[1])>0)
        strcpy(string,str[0]);
    else
        strcpy(string,str[1]);
    if (strcmp(str[2],string)>0)
        strcpy(string,str[2]);
    printf("\nthe largest string is:\n%s\n",string);
    return 0;
}
```

（3）执行程序，单击"调试"菜单的"开始执行"，或者直接按快捷键 Ctrl+F5，程序的运行结果如下：

3. 程序说明

通过此题目，使读者掌握字符串的比较方法。第 1 行代码定义了一个一维的字符数组，一个 3 行 20 列的二维字符数组；第 3 至 4 行代码实现输入 3 行字符串到二维字符数组中；第 5 至 8 行代码完成二维字符数组中第 0 行和第 1 行字符串的比较，如果第 0 行大于第 1 行，则将第 0 行字符串拷贝到 string 数组中，否则将第 1 行拷贝到 string 中。经过此次比较，string 中存放前两行较大的字符串，第 9 至 10 行用 string 和第 2 行进行比较，如果第 2 行比 string 大，则将第 2 行拷贝到 string 中。3 行字符串经过两次比较得到了最大值，将其存放在 string 中。最后输出 string 的值。

实验题目

1. 从键盘上输入 10 个数，求最大值、最小值和平均值。

2. 输入一串字符，以"?"结束，分别统计其中每个数字字符 0、1、2、...、9 出现的次数。

3. 从键盘上输入 15 个数，编程实现：首先对它按从小到大的顺序排序，然后，从键盘上再输入一个数，用折半查找法找出该数是数组中的第几个元素的值。若该数不在数组中，则打印出"无此数"。

4. 任意输入 10 个数据，对其进行排序（用选择法从小到大）。

5. 在一个已排好序的数列中（从小到大）再插入一个数，要求仍然有序，编程并上机运行。

【提示】编程时应考虑到插入的数的各种可能性（比原有所有的数大，比原有所有的数小，在最大数和最小数之间）。

6. 某学习小组有 4 名同学，学习了 5 门课程，编程求出最高分和最低分及其对应的行号和列号。

实验 8　函数的应用

实验目的

通过本次实验，使学生掌握函数的定义方法；掌握函数的调用及函数声明；掌握函数实参与形参的对应关系及"值传递"的方式；掌握函数实参与形参的对应关系及"地址传递"的方式；掌握利用模块化的方法设计综合案例。

实验内容

案例 8-1　利用自定义函数输出两个数中的最大数

1. 问题分析

（1）题目要求用自定义函数求最大数，根据函数的定义语法，编写自定义函数的头部和函数体。函数的头部包含函数返回值类型 int（最大值的类型），函数名定义为 max，函数包含两个形参，表示求用户指定的两个数的最大值。函数体完成 x、y 求最大值的代码。比较 x、y 的大小，将较大者作为函数值返回。

（2）在 main()函数中完成函数的调用，调用时将实参的值传递给形参，并将函数返回值输出，即得到结果。

2. 操作步骤

（1）打开 Visual C++ 2010 集成开发环境，新建一个控制台应用程序。

（2）创建好项目后，在 main()方法中输入以下代码：

```
#include "stdio.h"
int max(int x,int y)            /*用户自定义函数*/
{
    int z;
    if(x>y)
      z=x;
    else z=y;
        return(z);
}
int main()
{
    int a,b,c;
    scanf("%d,%d",&a,&b);
    c=max(a,b);
    printf("max=%d\n",c);
    return 0;
```

```
}
```

（3）执行程序，单击"调试"菜单的"开始执行"，或者直接按快捷键 Ctrl+F5，程序的运行结果如下：

3. 程序说明

通过此题目，使读者掌握自定义函数的方法。此函数定义了一个包含两个形参的函数 max，函数体完成求两个形参的最大值，以返回值的形式获取结果。在主函数中输入实参的值，然后通过 main()函数中第 3 行代码调用自定义函数 max，注意调用时将实参 a、b 的值传递给形参 x、y，计算结果再返回到主函数的变量 c 中，最后在 main()函数中输出结果。

案例 8-2　编写以下功能函数

（1）求两个数的和。

（2）求两个数的差。

（3）求两个数的积。

（4）求两个数的商。

主函数要求：输入+、-、*、/任意一个运算符和两个整数，计算出正确的结果。

1. 问题分析

（1）定义 4 个函数，分别实现计算两个形参的和、差、积、商的结果。

（2）主函数中通过循环多次调用不同的操作符来完成不同的函数调用。

2. 操作步骤

（1）打开 Visual C++ 2010 集成开发环境，新建一个控制台应用程序。

（2）创建好项目后，在 main()方法中输入以下代码：

```c
#include "stdio.h"
#include "stdlib.h"
/*两个数之和*/
int add(int x,int y)
{
    int s;
    s=x+y;
    return(s);
}
/*两个数之差*/
int sub(int x,int y)
{
    int s;
    s=x-y;
    return(s);
}
/*两个数之积*/
```

```
int mul(int x,int y)
{
    int s;
    s=x*y;
    return(s);
}
/*两个数之商*/
int di(int x,int y)
{
    int s;
    s=x/y;
    return(s);
}
/*主函数*/
int main()
{
    int a,b,k;
    char ch;
    while(1)
    {
        printf("************\n");
        printf("*+----------add*\n");
        printf("*-----------sub*\n");
        printf("**----------mul*\n");
        printf("*/----------di*\n");
        printf("*0---------exit\n");
        printf("************\n");
        printf("input your choice: ");
        scanf("%c",&ch);
        if(ch!='0')
        {
            printf("input two number:\n");
            scanf("%d%d",&a,&b);
        }
        switch(ch)
        {
            case '+':k=add(a,b);break;
            case '-':k=sub(a,b);break;
            case '*':k=mul(a,b);break;
            case '/':k=di(a,b);break;
```

```
            case '0':exit(1);break;
            default: printf("error!\n");
        }
        printf("%d%c%d=%d\n",a,ch,b,k);
    }
    return 0;
}
```

（3）执行程序，单击"调试"菜单的"开始执行"，或者直接按快捷键 Ctrl+F5，程序的运行结果如下：

3. 程序说明

通过此题目，使读者掌握使用函数编写综合程序的方法。程序中共包含 4 个自定义函数和一个 main()函数。自定义函数 add、sub、mul、di 的定义方法类似，都是返回整型且包含两个形参，函数体实现两个形参的+、−、*、/运算。在主函数中，将所有代码放入一个 while 循环中，循环体先输出程序界面，然后根据用户输入的符号来调用不同的函数完成操作，最后输出结果 k。注意，循环条件是永远为真，只有当用户输入选项 0 时，强制终止程序的执行。

案例 8−3　用递归法计算 n!（通过函数的递归调用计算阶乘）

1. 问题分析

分析如下：

2. 操作步骤

（1）打开 Visual C++ 2010 集成开发环境，新建一个控制台应用程序。

（2）创建好项目后，在 main()方法中输入以下代码：

```
#include "stdio.h"
int power(int n)
{
    int f;
    if(n>1)
        f=power(n-1)*n;
    else
        f=1;
    return(f);
}
int main()
{
    int n,y;
    printf("input a inteager number:\n");
    scanf("%d",&n);
    y=power(n);
    printf("%d!=%d\n",n,y);
    return 0;
}
```

（3）执行程序，单击"调试"菜单的"开始执行"，或者直接按快捷键 Ctrl+F5，程序的运行结果如下：

3. 程序说明

通过此题目，使读者掌握递归函数的定义和调用方法。函数 power 实现利用递归法求 n!。函数体中通过 if 语句判定 n 的值，如果 n>1，则通过 n-1 的阶乘来计算 n 的阶乘，即"n*pow(n-1)"，在此处又调用了函数"power(n-1)"自身，直到 n=1 才进行回归。

案例 8-4 编写函数实现数据由小到大排序

1. 问题分析

（1）多个数据用数组存放，在主函数中接收数据。

（2）把数据传送到用户自定义函数中。

（3）在用户自定义函数中实现排序过程。

（4）在主函数中输出排好序的数据。

2. 操作步骤

（1）打开 Visual C++ 2010 集成开发环境，新建一个控制台应用程序。

（2）创建好项目后，在 main()方法中输入以下代码：

```
#include "stdio.h"
void sort(int array[],int n)
```

```
{
    int i,j,k,t;
    for(i=0;i<n-1;i++)
    {
        k=i;
        for(j=i+1;j<n;j++)
            if(array[j]<array[k])
                k=j;
        t=array[k];
        array[k]=array[i];
        array[i]=t;
    }
}
#include "stdio.h"
int main( )
{
    int a[10],i;
    printf("enter the array:\n");
    for(i=0;i<10;i++)
        scanf("%d",&a[i]);
    sort(a,10);
    printf("the sorted array:\n");
    for(i=0;i<10;i++)
        printf("%-3d",a[i]);
    printf("\n");
    return 0;
}
```

（3）执行程序，单击"调试"菜单的"开始执行"，或者直接按快捷键 Ctrl+F5，程序的
运行结果如下：

3. 程序说明

通过此题目，使读者掌握数组作为参数进行地址传递。自定义函数 sort 有两个形参，第
一个是数组名，实现地址传递，第二个是普通整数，实现值传递。在 main()函数中，sort(a,10)
完成函数的调用，将数组首地址常量 a 传递给形参 array，此时 array 和 a 指向同一块地址空
间，在执行完 sort 函数后，将 array 指向空间中的元素排序，其实就是 main()函数中数组 a
的空间。因此调用结束返回 main()函数，输出的结果即为排序后的数组。

实验题目

1. 定义函数 fun_a()判断某数是否为素数，若是素数返回值为 1，不是则返回值为 0。

2. 写几个函数：

（1）输入 10 个职工的姓名和职工号。

（2）按职工号从小到大排序，姓名也相应改变顺序。

（3）要求输入一个职工号，用折半法找出该职工的姓名，从主函数输入要查找的职工的职工号，输出该职工的姓名。

实验 9 指针的应用

实验目的

通过本次实验，使学生对 C 语言指针有一个系统的认识。在此基础上掌握指向简单变量的指针，指向数组的指针，指向字符串的指针的定义、引用及应用，同时指针与函数的结合应用是一个难点，通过具体题目的训练能够领会指针的本质。

实验内容

案例 9-1 指向简单变量的指针变量的应用

1. 问题分析

（1）定义两个普通整型变量 a、b，两个指向整型变量的指针变量 p1、p2。

（2）将 100 存入变量 a，10 存入变量 b。

（3）让 p1 指向 a，即将 a 的地址赋给指针 p1，让 p2 指向 b，即将 b 的地址赋给 p2。

（4）输出 a、b 的值。

（5）输出 p1、p2 指向的目标变量的值。

2. 操作步骤

（1）打开 Visual C++ 2010 集成开发环境，新建一个控制台应用程序。

（2）创建好项目后，在 main()方法中输入以下代码：

```c
#include "stdio.h"
int main()
{
    int a,b,*p1,*p2;            /*定义指针变量 p1 和 p2*/
    a=100; b=10;
    p1=&a;
    p2=&b;                      /*为指针变量 p1 和 p2 赋一个指向*/
    printf("%d,%d\n",a,b);
    printf("%d,%d\n",*p1,*p2);  /*输出指针变量 p1 和 p2 指向的变量的值*/
    return 0;
}
```

（3）执行程序，单击"调试"菜单的"开始执行"，或者直接按快捷键 Ctrl+F5，程序的运行结果如下：

3. 程序说明

通过此题目，使读者掌握基本的指针用法。注意指针的定义方法中 int *p1 和输出语句中 *p1 的区别。前者代表定义指针变量 p1，用来区分 p1 和普通变量定义时的区别；后者是运算符，表示取 p1 指向的目标变量的内容。初学者要多去体会二者之间的差异。

案例9-2 利用指向数组的指针变量输出数组的全部元素

1. 问题分析

（1）定义一个数组和指向数组的指针。

（2）利用循环，通过指针变量完成数组元素的输入和输出。

2. 操作步骤

（1）打开 Visual C++ 2010 集成开发环境，新建一个控制台应用程序。

（2）创建好项目后，在 main()方法中输入以下代码：

```c
#include "stdio.h"
int main()
{
    int *p,i,a[10];
    p=&a[0];                /*把数组的首地址赋给指针变量p，使p指向一维数组*/
    for(i=0;i<10;i++)
        scanf("%d", p++);   /*通过指针变量接收数组元素的值*/
    printf("\n");
    p=&a[0];
    for (i=0;i<10;i++)
        printf("%3d",*p++); /*利用指向一维数组的指针变量输出元素的值*/
    return 0;
}
```

（3）执行程序，单击"调试"菜单的"开始执行"，或者直接按快捷键 Ctrl+F5，程序运行结果如下：

3. 程序说明

通过此题目，使读者掌握指向数组的指针的操作方法。第1行代码定义了3个变量，指针变量 p、普通变量 i 和数组 a。第2行代码的作用是将数组第1个元素的地址赋给指针 p，也就是指针 p 指向数组中第1个元素的位置。第3至4行代码实现指针操作数组空间完成10个数的输入，注意此处 scanf 中的变量列表位置是指针变量 p，无需加&，输入数据放入 p 指向的地址后，p 指向下一个地址空间，即 a[1]的地址，以此类推，执行完此循环后 p 的值为 a[10]的地址。第6行代码非常关键，将 p 再次指向数组的首地址，否则下面的循环将越出数组的有效地址范围。第7至8行代码和第3至4行代码类似，输出指针指向元素的内容，注意此处必须是*p，代表 p 指向的元素而非元素的地址。

案例 9-3 指针的延伸应用，也可用数组名访问元素

1. 问题分析

数组名代表地址常量，是数组的首地址，首地址加减一个整数可以指向数组中其他元素的位置，利用此方法可以完成通过数组名来访问数组元素的代码。

2. 操作步骤

（1）打开 Visual C++ 2010 集成开发环境，新建一个控制台应用程序。

（2）创建好项目后，在 main()方法中输入以下代码：

```c
#include "stdio.h"
int main()
{
    int a[10];
    int i;
    for (i=0;i<10;i++)
        scanf("%d",a+i);
    printf("\n");
    for (i=0;i<10;i++)
        printf("%-3d",*(a+i));
    printf("\n");
    return 0;
}
```

（3）执行程序，单击"调试"菜单的"开始执行"，或者直接按快捷键 Ctrl+F5，程序运行结果如下：

3. 程序说明

程序第 1 行代码定义了整型数组 a。第 3 至 4 行代码，完成数组元素的输入，采用的是首地址+i 的形式，a+0 代表 a[0]的地址，a+1 代表 a[1]的地址，以此类推。同样，第 6 至 7 行代码实现数组元素的输出，a+i 代表 a[i]的地址，则*(a+i)表示 a[i]元素的值。

案例 9-4 指针变量作为函数参数的应用——排序

1. 问题分析

定义函数 sort，完成数组 x 的 n 个元素的排序，然后在主函数中调用 sort。

2. 操作步骤

（1）打开 Visual C++ 2010 集成开发环境，新建一个控制台应用程序。

（2）创建好项目后，在 main()方法中输入以下代码：

```c
#include "stdio.h"
int main()
{
    void sort(int *,int);
```

```
    int i,a[10];
    for (i=0;i<10;i++)
    scanf("%d",&a[i]);
    sort(a,10);
    for (i=0;i<10;i++)
    printf("%-3d",a[i]);
    printf("\n");
    return 0;
}
void sort(int *x,int n)
{
    int i,j,k,t;
    for (i=0;i<n-1;i++)
    {
        k=i;
        for (j=i+1;j<n;j++)
            if (*(x+j)>*(x+k))
                k=j;
        if (k!=i)
        {
            t=*(x+i);
            *(x+i)=*(x+k);
            *(x+k)=t;
        }
    }
}
```

（3）执行程序，单击"调试"菜单的"开始执行"，或者直接按快捷键 Ctrl+F5，程序的运行结果如下：

3. 程序说明

此程序包含一个 main()函数和一个自定义函数 sort。函数 sort 的形参有两个，第一个是指针变量 x，第二个是整型变量 n，sort 的函数体完成利用选择法实现从 x 地址开始的 n 个元素排序。关于选择法的算法思想可以参照课本数组章节中的对应内容。main()函数完成数组 a 的输入、sort 函数的调用和数组的输出。sort 函数调用时，第一个实参的值是数组 a 的首地址，所以 main()函数中的数组 a 和 sort 中的 x 指针指向的是同一块内存单元，sort 中对 x 的操作实际也是操作的数组 a 的元素，因此主函数中输出的数组即为排序后的结果。

案例9-5 有一个长度不大于**40**的字符串，已知其中共包含两个字符**A**，求处于两个字符**A**中间的字符个数及这些字符

1. 问题分析

（1）定义字符数组 a[40]、b[40]，计数器 n=0。

（2）接收字符数组 a。

（3）定位第一个字符'A'的位置。

（4）从'A'的后一个字符开始为字符数组 b 赋值，同时计数器加 1，直到遇到第二个字符'A'。

（5）修正字符数组 b。

（6）输出字符数组 b 和计数器 n。

2. 操作步骤

（1）打开 Visual C++ 2010 集成开发环境，新建一个控制台应用程序。

（2）创建好项目后，在 main()方法中输入以下代码：

```c
#include "stdio.h"
int main()
{
    char a[40],b[40];
    int l,sub(char *,char *);
    gets(a);
    l=sub(a,b);
    printf("l=%d\n",l);
    printf("%s\n",b);
    return 0;
}
int sub(char *x,char *y)
{
    int i,n=0;
    for(i=0;*(x+i)!='\0';i++)
        if(*(x+i)=='A')    break;
            i=i+1;
    while(*(x+i)!='A')
    {
        *(y+n)=*(x+i);
        n++;
        i++;
    }
    *(y+n)='\0';
    return(n);
}
```

（3）执行程序，单击"调试"菜单的"开始执行"，或者直接按快捷键 Ctrl+F5，程序的运行结果如下：

```
C:\Windows\system32\cmd.exe
TODAY IS A FINE DAY,GOOD!
I=5
Y IS
请按任意键继续. . .
```

3. 程序说明

此程序包含一个 main()函数和一个自定义函数 sub。函数 sub 的形参有两个，第一个是指针变量 x，第二个是指针变量 y，返回值为整型，sub 的函数体完成将 x 位置开始的字符数组中两个 A 之间的字符拷贝到 y 位置开始的字符数组中。其中第一个 for 循环的功能是查找第一个 A 的位置 i，第二个 while 循环的功能是将 i 下标开始到第二个 A 之间的字符拷贝到 y 数组中，最后将拷贝字符个数 n 作为返回值返回到 main()函数中。main()函数完成数组 a、b 的定义及数组 a 的输入、sub 函数的调用和数组 b 的输出。sort 函数调用时，第一个实参的值是数组 a 的首地址，第二个实参的值是数组 b 的首地址，所以 main()函数中的数组 a、b 和 sub 中的 x、y 指针指向的是同一块内存单元。最终 main()函数中输出数组 b 的结果即为拷贝后的结果。

案例 9-6 指向二维数组的指针变量的应用，利用行指针输出二维数组任一行任一列的元素的值

1. 问题分析

（1）定义二维数组和指针数组。

（2）输入行列下标的值 i、j。

（3）利用指针访问 i 行 j 列的元素并输出。

2. 操作步骤

（1）打开 Visual C++ 2010 集成开发环境，新建一个控制台应用程序。

（2）创建好项目后，在 main()方法中输入以下代码：

```c
#include "stdio.h"
int main()
{
    int a[3][4]={1,3,5,7,9,11,13,15,17,19,21,23};
    int (*p)[4],i,j;
    p=a;
    scanf("i=%d,j=%d",&i,&j);
    printf("a[%d,%d]=%d\n",i,j,*(*(p+i)+j));
    return 0;
}
```

（3）执行程序，单击"调试"菜单的"开始执行"，或者直接按快捷键 Ctrl+F5，程序的运行结果如下：

```
C:\Windows\system32\cmd.exe
i=2,j=3
a[2,3]=23
请按任意键继续. . .
```

3. 程序说明

通过此题目，使读者掌握利用指针操作二维数组元素的方法。main()函数中第 1 行代码定义二维数组 a；第 2 行代码定义指针数组 p；第 3 行代码代表给 p 赋初值，即 p 指向数组 a 的首地址；第 4 行代码输入二维数组元素的行列下标的值；第 5 行代码完成 i、j 位置的元素输出，注意二维数组元素用指针数组的表示法*(*(p+i)+j)，对此不理解的请同学参考课本对应章节的内容。

实验题目

1. 输入 n（3<n≤10）个数，输出这 n 个数中的最小值及其下标。要求定义和调用函数，寻找 n 个数中的最小值及其下标，函数的返回值类型是 void，在函数中使用指针、数组各一次。示例如下：

输入数组元素的个数：5

输入 5 个数：12　8　3　6　19

最小值是：a[2]=3

【思考】如何在二维数组中找出最大值、最小值及其对应的行列下标，要求定义函数实现。

2. 用指针实现：有 n 个整数，使前面各数顺序后移 m 个位置，最后 m 个数变成最前面 m 个数，写一个函数完成以上功能，在主函数中输入 n 个整数和输出调整后的 n 个数。

3. 编写一个函数 sort，使 20 个整数按由小到大的顺序排列。在主函数中输出排好序的数。本程序编写函数部分要求用指针来解决。

4. 用指向字符串的指针变量实现字符串连接函数。

实验10 结构体的构造与应用

 实验目的

通过本次实验，使学生初步了解构造类型——C 语言结构体类型。掌握结构体类型的定义，结构体数组的定义，结构体指针的定义及初始化、引用、应用，并在此基础上重点掌握链表的建立及输出。

 实验内容

案例10-1 一个学生的基本信息有：学号、姓名、性别和年龄，现要存放 5 个学生的信息，编程实现把各项信息输出

1. 问题分析

（1）定义结构体类型。

（2）定义数组，数组元素的类型为结构体类型。

（3）输入每个数组元素每个分量的值，通过数组元素的形式访问。

（4）输出每个数组元素每个分量的值，通过指针指向的形式访问。

2. 操作步骤

（1）打开 Visual C++ 2010 集成开发环境，新建一个控制台应用程序。

（2）创建好项目后，在 main()方法中输入以下代码：

```
#include "stdio.h"
struct student        /*定义一种结构体类型*/
{
    int num;
    char name[20];
    char sex;
    int age;
};
int main( )
{
    struct student stu[5];
    int i;
    for(i=0;i<5; i++)
        scanf("%d%s%c%d",&stu[i].num, stu[i].name, &stu[i].sex, &stu[i].age);
    for(i=0;i<5; i++)
        printf("%d%s%c%d\n",stu->num,stu->name,stu->sex,stu->age);
```

```
        return 0;
    }
```

（3）执行程序，单击"调试"菜单的"开始执行"，或者直接按快捷键Ctrl+F5，程序的运行结果如下：

3. 程序说明

通过此题目，使读者掌握结构体类型的定义和结构体变量的基本使用。程序开始通过struct关键字定义了结构体student，包含4个成员num、name、sex和age。主函数第1行代码定义了一个结构体类型的数组stu，数组长度为5；第3行代码的for循环完成5个数组元素的初始化，因为每个数组元素是结构体变量，需要为其每一个分量赋值，访问结构体变量的分量的方法是变量名·成员名；第5行代码开始的第二个for循环完成5个数组元素的输出，采用指针和->的形式访问结构体变量的分量。

案例10-2　建立一个静态链表，由3个学生数据结点组成，输出各结点的数据

1. 问题分析

（1）定义结构体类型，成员中包含num、score和指向结构体的指针next。

（2）定义结构体类型的变量a、b、c，分别初始化。

（3）将结构体变量组成静态链表。

2. 操作步骤

（1）打开Visual C++2010集成开发环境，新建一个控制台应用程序。

（2）创建好项目后，在main()方法中输入以下代码：

```
#include "stdio.h"
#define NULL 0
struct student        /*定义一种结构体类型*/
{
    long num;
    float score;
    struct student *next;
};
int main()
{
    struct student a,b,c,*head,*p;
    a.num=99101;a.score=89.5;
    b.num=99103;b.score=90;
```

```
        c.num=99107;c.score=85;
        head=&a;
        a.next=&b;
        b.next=&c;
        c.next=NULL;
        p=head;
        while(p!=NULL)
        {
            printf("%ld%5.1f\n",p->num,p->score);
            p=p->next;
        }
        return 0;
    }
```

（3）执行程序，单击"调试"菜单的"开始执行"，或者直接按快捷键 Ctrl+F5，程序的运行结果如下：

3. 程序说明

通过此题目，使读者掌握静态链表的操作方法。程序通过 struct 定义了结构体类型，注意此类型中包含了一个指针，指向链表中的下一个元素。main()函数中第 1 行代码定义了 3 个结构体变量 a、b、c 和两个指向结构体的指针变量 head 和 p；第 2 至 4 行代码完成结构体变量 a、b、c 中成员 num 和 score 的初始化；第 5 至 8 行代码完成链表的建立，head 指向第一个结构体变量 a，a 的 next 指向 b，b 的 next 指向 c，c 的 next 为空，代表无下一个元素；第 9 行代码让 p 指向链表的头部 head，利用 while 循环遍历链表中的元素，并输出元素的分量值。

 实验题目

1. 一个班有 10 名同学，每名同学都有如下信息：学号、姓名、3 门课程的成绩。请编写程序输入全班同学的信息，并且按第一门课程的成绩从小到大排序后输出。

2. 有两个链表 a、b。每个链表中节点包括学号、成绩。要求把两个链表合并（自己编程建立链表）。

实验 11　文件操作

实验目的

通过本次实验,使学生初步了解C语言中文件的基本操作,掌握文件的打开及关闭方法,并能熟练进行字符及数据块的读写操作,为后续的课程设计打好基础。

实验内容

案例 11-1　从键盘上接收字符写到文件中去,然后将其关闭

1. 问题分析

(1)打开文件。

(2)从键盘输入字符,写入文件。

(3)关闭文件。

2. 操作步骤

(1)打开 Visual C++ 2010 集成开发环境,新建一个控制台应用程序。

(2)创建好项目后,在 main()方法中输入以下代码:

```c
#include "stdio.h"
int main()
{
    char c;
    FILE *fp;
    fp=fopen("d:\\guo\\test.txt","w+");
    if(fp!=NULL)
        do
        {
            c=getchar();
            fputc(c,fp);
        }while(c!='q');
    fclose(fp);
    return 0;
}
```

3. 程序说明

通过此题目,使读者掌握写入文件的基本操作方法。程序的第 2 行代码定义了一个指向文件的指针变量 fp;第 3 行代码通过 fopen 函数以打开可读写的方式打开文件 d:\guo\test.txt,若文件不存在则建立该文件;第 5 行代码开始的 do-while 循环完成将输入的字符保存到文件,

直到输入 q 为止；最后通过 fclose 关闭文件指针，释放资源。

案例 11–2 从文件中读取字符，并通过显示器显示出来，然后将其关闭

1. 问题分析

（1）打开文件。

（2）从文件读取字符，并显示到显示器。

（3）关闭文件。

2. 操作步骤

（1）打开 Visual C++ 2010 集成开发环境，新建一个控制台应用程序。

（2）创建好项目后，在 main() 方法中输入以下代码：

```c
#include "stdio.h"
int main()
{
    FILE *fp;char c;
    fp=fopen("d:\\guo\\test.txt","r+");
    do
    {
        c=fgetc(fp);
        putchar(c);
    }while(c!=EOF);
    fclose(fp);
    return 0;
}
```

3. 程序说明

通过此题目，使读者掌握读取文件的基本操作方法。程序的第 1 行代码定义了一个指向文件的指针变量 fp；第 2 行代码通过 fopen 函数打开必须存在的可读写文件 d:\guo\test.txt；第 3 行代码开始的 do-while 循环完成从文件中读取字符，然后输出到显示器，直到文件结束为止；最后通过 fclose 关闭文件指针，释放资源。

案例 11–3 从键盘上输入若干个学生的学号及考试成绩，将这些数据写入磁盘文件 y.dat 中（由学号等于 0 作终止标记）

1. 问题分析

（1）将学生信息定义为结构体类型的变量。

（2）打开文件。

（3）输入学生学号和成绩。

（4）学号不为 0 则将数据写入文件，继续（3），否则（5）。

（5）结束。

2. 操作步骤

（1）打开 Visual C++ 2010 集成开发环境，新建一个控制台应用程序。

（2）创建好项目后，在 main() 方法中输入以下代码：

```c
#include "stdio.h"
```

```
int main()
{
    struct student
    {
        int num;
        float score;
    };
    struct student stu;
    FILE *fp;
    fp=fopen("y.dat","wb");
    scanf("%d%f",&stu.num,&stu.score);
    while(stu.num!=0)
    {
        fwrite(&stu,sizeof(struct student),1,fp);
        scanf("%d%f",&stu.num,&stu.score);
    }
    fclose(fp);
}
```

3. 程序说明

通过此题目，使读者掌握结构体变量在文件中的写入方法。main()函数中先通过 struct 定义结构体类型 student 和结构体变量 stu，然后定义文件指针并打开文件 y.dat，输入学生的信息，如果学号不为 0，将输入信息保存到文件并继续输入学生信息，直到学号为 0 结束。

案例 11-4　将案例 11-3 建立的文件内容读出并显示出来

1. 问题分析

（1）将学生信息定义为结构体类型的变量。

（2）打开文件。

（3）读取学生的信息到结构体数组变量中。

（4）在显示器显示从文件中读取的数据。

（5）结束。

2. 操作步骤

（1）打开 Visual C++ 2010 集成开发环境，新建一个控制台应用程序。

（2）创建好项目后，在 main()方法中输入以下代码：

```
#include "stdio.h"
int main()
{
    struct student
    {
        int num;
        float score;
```

```
        };
        struct student stu[10];
        FILE *fp;
        int n=0,i;
        if((fp=fopen("y.dat","rb"))!=NULL)
        {
            fread(&stu[n],sizeof(struct student),1,fp);
            while(!feof(fp))
            {
                n++;
                fread(&stu[n],sizeof(struct student),1,fp);
            }
            for(i=0;i<n;i++)
                printf("%5d%6.1f\n",stu[i].num,stu[i].score);
            fclose(fp);
        }
        else
            printf("can not open y.dat\n");
        return 0;
    }
```

3. 程序说明

程序开始定义结构体类型 student 和此类型的数组 stu；定义文件指针并打开文件；如果文件正确打开，循环读取文件中的内容并存入结构体数组中；最后通过 for 循环显示结构体数组中的内容。

📌 **实验题目**

1. 从键盘上输入一个字符串，将其中的小写字母全部转换成大写字母，然后输出到一个磁盘文件中保存。输入的字符以"!"结束。

2. 有 5 个学生，每个学生有 3 门课的成绩，从键盘上输入学生数据（包括学号、姓名、3 门课的成绩）。计算出每个学生的平均成绩，将学生信息存放在磁盘文件中。

第二部分
C语言程序设计学习辅导

第1章 C语言概述

✎ **知识框架图**

知识框架图如图 2-1-1 所示。

图 2-1-1 知识框架图

✎ **知识点介绍**

1.1 C语言概况

C语言诞生至今已有 40 多年的历史，它的发展经历了以下几个阶段：
ALGOL 60→CPL→BCPL→B→C→标准 C→ANSI C→ISO C

1.2 C语言的特点

（1）C语言程序书写自由、简洁灵活、使用方便。
（2）C语言的运算符丰富、表达能力强。
（3）C语言拥有丰富的数据类型。
（4）C语言是结构化的程序设计语言。
（5）C语言对语法限制不严格、程序设计灵活。
（6）用C语言编写的程序具有良好的可移植性。
（7）C语言可以实现汇编语言的大部分功能。
（8）C语言适合编写系统软件。

1.3 C程序简介

（一）简单的C程序介绍

由课本的例 1.1~例 1.3 可以看出：

（1）C 程序由一个或者多个函数构成，有且只有一个 main() 函数。

（2）程序的执行从 main() 函数开始，随着 main() 函数结束而结束。

（3）被调用的函数可以是库函数，也可以是自定义函数。

（4）函数位置的前后顺序没有限制，一般不影响程序的执行。

（二）C 程序结构

1. 函数的一般格式

函数说明
{
    变量定义部分
    执行部分
}

2. 程序的书写规则

（1）严格区分大小写。

（2）一个程序行内可以写一条语句，也可以写多条语句，一条语句也可以写在多行内。

（3）每条语句以分号结束。

1.4 C 程序的执行

（一）执行过程

C 程序的执行过程如图 2-1-2 所示。

图 2-1-2　C 程序执行过程

（二）VC++ 2010 的使用

1. 建立项目

步骤：在图 2-1-3 所示的界面中选择"文件"→"新建"→"项目"，弹出图 2-1-4 所示的对话框。选择"Win32"选项卡→"Win32 控制台应用程序"→在下侧文本框中输入项目名称，选择存储位置，默认解决方案名称和项目名称一致。单击"确定"按钮。

图 2-1-3　"新建"操作界面

图 2-1-4   "新建项目"对话框

2. 建立文件

在图 2-1-5 中右击"源文件"→选择"添加"→选择"新建项"命令，弹出的对话框如图 2-1-6 所示。选择"C++ 文件(.cpp)"→输入文件名→选择存储位置后，单击"添加"按钮，文件建立完成。

图 2-1-5   建立文件界面

图 2-1-6   添加新项

建立成功的结构应该是一个解决方案里面有一个项目，一个项目里面只包含一个".c"

或 ".cpp" 文件，位于 "源文件" 文件夹中，如图 2-1-7 所示。

图 2-1-7　文件建立完成界面

3. 编辑源程序文件

在图 2-1-8 所示的方框区域中输入源程序代码。

图 2-1-8　源程序文件编辑界面

4. 编译连接运行

在图 2-1-9 所示的界面中，单击 "调试" 菜单→选择 "开始执行（不调试）"，运行结果如图 2-1-10 的黑色命令行窗口所示。单击 "关闭" 按钮或者按任意键关闭显示结果的黑色窗口。

图 2-1-9　运行界面

图 2-1-10　运行结果显示界面

　　【注意】当一个程序运行结束时，要及时关闭显示结果的窗口，否则会影响下一个程序的运行。

重点难点分析

　　本章重点是掌握 C 程序的构成，函数的构成以及 C 程序的编辑、编译、连接和运行过程。会熟练使用 VC++ 2010 运行程序。难点是使用 VC++ 2010 运行程序，建议多上机调试例题程序，初期可以不理解程序的含义，但是要熟练掌握建立项目、建立文件和调试程序的步骤。

部分课后习题解析

　　1. 见课本第 2 页 C 语言的特点。

　　2. 计算机能直接识别的语言是二进制的机器语言，任何语言编写的程序都需要转换成机器语言才能执行。

　　3. C 语言源程序文件的扩展名是.c，目标程序文件的扩展名为.obj，可执行程序的扩展名为.exe。

4. C 语言源程序文件先经过编译（即翻译），生成目标程序文件，再经过和标准库文件进行连接，生成可执行文件，才可以执行。因此，目标程序文件、标准库文件和可执行文件都是二进制代码文件。

5. 所谓流程控制语句，是指可以引导程序执行走向的语句。

7. C 语言属于高级语言，但不是最高级的，也不是出现最晚的，以接近英语国家的自然语言和数学语言作为语言的表达形式，所以在执行时，需要转换为机器语言才能被计算机识别执行。

8. 函数是组成 C 语言程序的最基本的单位，一个程序可以由若干个函数构成，所有函数的顺序任意，但其中必须有且只有一个 main()函数，不管 main()函数的位置在哪里，程序的执行都从 main()函数开始。每个函数都由函数头（函数首部）和函数体两部分构成，函数体要用"{}"括起来。由于 C 语言对语法限制不严格，一个 C 程序行可以写一个语句，也可以写多个语句，每个语句以";"结束。

12. 标准库函数不是 C 语言本身的组成部分，它是由函数库提供的功能函数。

15. C 语言程序开发的四个步骤是：编辑、编译、连接、运行。

16. 源程序是文本类型的文件，它可以用具有文本编辑功能的任何编辑程序完成编辑。

17. 参考程序：

方法一：

```c
#include <stdio.h>
int main()
{
    printf("******************\n");
    printf("        very good!\n");
    printf("******************\n");
    return 0;
}
```

方法二：

```c
#include <stdio.h>
int main()
{
    printf("******************\n        very good!\n******************\n");
    return 0;
}
```

【思考】这样写可不可以？

```c
#include <stdio.h>
int main()
{
    printf("******************\n
            very good!\n
    ******************\n");
    return 0;
}
```

练习题

一、填空题

1. 计算机语言的发展经历了机器语言、_____和_____三个阶段。

2. C语言程序由_____组成，C程序中有且仅有一个_____函数。

3. 用C语言编写的程序是源程序，必须经过编译生成_____，经过连接才生成_____。

二、选择题

1. 以下描述正确的是（   ）。

   A. 在C语言中，main()函数必须位于文件的开头

   B. C语言每行中只能写一条语句

   C. C语言中以分号作为语句结束的标记

   D. 对一个C程序进行编译时，可检查出程序的所有错误

2. 以下描述正确的是（   ）。

   A. C程序的执行是从main()函数开始，到本程序的最后一个函数结束

   B. C程序的执行是从第一个函数开始，到本程序的最后一个函数结束

   C. C程序的执行是从main()函数开始，随着本程序的main()函数结束而结束

   D. C程序的执行是从第一个函数开始，随着本程序的main()函数结束而结束

3. 在一个C程序中（   ）。

   A. main()函数必须出现在所有函数之前

   B. main()函数可以在任何地方出现

   C. main()函数必须出现在所有函数之后

   D. main()函数必须出现在固定位置

4. 将C源程序进行（   ）可得到目标文件。

   A. 编辑   B. 编译   C. 连接   D. 拼接

5. 目标文件的扩展名为（   ）。

   A. .c   B. .h   C. .obj   D. .exe

6. C语言源程序文件经过C编译程序编译连接之后生成一个后缀为（   ）的文件。

   A. .c   B. .obj   C. .exe   D. .bas

7. C语言源程序的基本单位是（   ）。

   A. 过程   B. 函数   C. 子程序   D. 标识符

三、程序设计

编程输出如下字符串。

****

   C语言程序设计

****

第2章 C语言程序设计基础

知识框架图

知识框架图如图 2-2-1 所示。

图 2-2-1 知识框架图

知识点介绍

2.1 算法与程序设计步骤

（一）算法的概念

1. 算法

解决一个实际问题的方法和步骤。

2. 算法的描述

描述算法常使用传统流程图、N-S 图、PAD 图等。本书主要以传统流程图来描述算法。常用符号如图 2-2-2 所示。

起止框　输入输出框　判断框　处理框　流程线　连接点

图 2-2-2 常用传统流程图符号

一个传统流程图由三部分组成：表示相应操作的框、带箭头的流程线及框内外必要的文字说明。

3. 程序的三种基本结构

（1）流程图表示。

从程序流程的角度来看，程序可以分成三种基本结构：顺序结构、分支结构和循环结构。它们可以分别用图 2-2-3、图 2-2-4 和图 2-2-5 所示的传统流程图表示。

图 2-2-3　顺序结构的传统流程图　　　　　图 2-2-4　分支结构的传统流程图

图 2-2-5　循环结构的传统流程图

（2）N-S 图表示。

N-S 图完全去掉了流程线，算法的每一步都用一个矩形框来描述，把一个个矩形框按执行的次序连接起来就是一个完整的算法描述，也称为盒图。

顺序结构、分支结构和循环结构的 N-S 图分别如图 2-2-6、图 2-2-7 和图 2-2-8 所示。

图 2-2-6　顺序结构的 N-S 图　　　　　　　图 2-2-7　分支结构的 N-S 图

图 2-2-8　循环结构的 N-S 图

（二）程序设计步骤

（1）分析问题。

（2）画传统流程图（或盒图）。

（3）编程序。

（4）调试并测试程序。

（5）运行程序，得出结果。

2.2 常量与变量

（一）标识符

1. 定义

在程序中使用的变量名、函数名、标号等统称为标识符。

C 语言规定，标识符只能是字母（A—Z、a—z）、数字（0—9）、下划线（_）组成的字符串，并且其第一个字符必须是字母或下划线。另外，C 语言中的一些关键字不能作为用户标识符。如 static、main 等。

2. 注意事项

（1）标准 C 不限制标识符的长度。

（2）在标识符中，区分大小写。

（3）标识符的命名应尽量做到"见名知义"。

（4）C 语言中的关键字不可作为标识符。

3. 示例解析

【示例 2-1】以下选项中，能用作用户标识符的是（   ）。

A．void   B．8_8   C．_0_   D．unsigned

正确答案：C

解析：void、unsigned 为 C 语言的关键字，不可用作用户标识符。8_8 也不能用作用户标识符，因为用户标识符的第一个字符不能是数字。所以选 C。

（二）常量

1. 定义

常量是指在程序的运行过程中其值不变的量。C 语言中有两种常量：直接常量和符号常量。

直接常量：字面形式就表示了其值的大小与多少的量，也称为直接常数。

符号常量：C 语言中，可以用一个标识符来表示一个常量。注意此时只是简单的数值替换。

如："#define PI 3.14"，则程序中可以用数值 3.14 来替换 PI。

2. 示例解析

【示例 2-2】以下选项中表示一个合法常量的是（   ）。（说明：符号"□"表示空格）

A．9□9□9   B．0xab   C．123E0.2   D．2.7e

正确答案：B

解析：A 选项数值内部不能有空格，所以错。C 选项实型常量的指数形式 E 之后必须是整型，所以错。D 选项实型常量的指数形式 e 之前和之后都必须有数值，所以错。

（三）变量

1. 定义

变量是指在程序的运行过程中其值可以改变的量。C 语言中的变量要"先定义,后使用"。

2. 定义格式

类型标识符　变量名 1[,变量名 2,变量名 3,…];

如：int a,b,c;

float m,n;

3. 变量初始化

变量定义时给变量赋予初值。

如：int a=3; 或 int a;a=3;

2.3 C语言的数据类型

（一）C语言提供的数据类型

C语言的数据类型如图 2-2-9 所示。

图 2-2-9 C语言的数据类型

（二）整型数据

1. 整型常量

整型常量就是平时所说的整数。在 C 语言中，整数可以用 3 种形式表示：十进制、八进制（以 0 开头，如 0321）、十六进制（以 0x 开头，如 0x321）。

2. 整型变量

用来保存整数的变量为整型变量。整型数据在内存中以二进制的补码形式存放。Visual C++ 2010 中有 6 种整型变量：int、unsigned int、short、unsigned short、long、unsigned long。其中常用类型说明符是基本整型 int，如"int i,j,sum;"，int 类型变量在内存中占 4 个字节，即 32 位。

有符号的 int 类型，32 位中最高位表示符号位，最高位为 0 表示正数，最高位为 1 表示负数，后面 31 位表示数值。正数部分在 00000000 00000000 00000000 00000000~01111111 11111111 11111111 11111111 之间，即 0~（2^{31}-1）。负数部分在 10000000 00000000 00000000 00000000~11111111 11111111 11111111 11111111 之间，即-2^{31}~-1。所以，有符号的 int 类型数值的取值范围在-2^{31}~（2^{31}-1）之间。

对于无符号的 int 类型，32 位全部表示数值，并且只能表示正数。数值的取值范围在 00000000 00000000 00000000 00000000~11111111 11111111 11111111 11111111 之间，即 0~（2^{32}-1）之间。

使用整型数据需要注意整型数据溢出的问题，详见课本例2.8。

（三）实型数据

1. 实型常量

实型常量有两种表示形式：

（1）十进制小数形式，如–3.45、0.0、12.、.12。

（2）指数形式，格式为：尾数e指数，其中e大小写均可，如123E3、1.23e5。

指数形式的规范化形式为尾数中小数点左边有且只能有一位非零数字。当要用指数形式输出一个实数时，是按规范化指数形式输出。

2. 实型变量

实型数据在内存中是按照指数形式存储的。系统将实型数据分为小数部分和指数部分，分别存放。Visual C++ 2010中有3种实型变量：float、double、long double。

实型变量所表示的数据范围较大，一般不会出现溢出的问题，最容易出现的问题是舍入误差，是由有效数字位数决定的。详见课本例2.9。

【注意】

（1）不要试图用一个实型数据精确表示一个大整数（记住：浮点型数是不精确的）。

（2）实型一般不判断"相等"，而是判断接近或近似。

（3）避免直接将一个数值很大的实数与一个很小的实数相加、相减，否则会"丢失"数值较小的实数。

（4）根据实际要求选择使用单精度还是双精度。

（四）字符型数据

1. 字符常量

字符常量是用单引号括起的单个字符，有两种表示方法：

（1）一般表示形式：如'A'、'a'等。

（2）转义字符表示形式：以'\'开头的含义发生转变的字符常量，转义字符表可以分为三大类：

① '\t'、'\b'、'\n'、'\r'用来控制光标的位置；

② '\''、'\"'、'\\'用来输出用printf函数无法输出的字符；

③ '\数字'把数字当作ASCII码值，输出其对应的字符。其中，以x开头的是十六进制数，否则是八进制数。

2. 示例解析

【示例2-3】以下不合法的字符常量是（   ）。

A. '\018'   B. '\"'   C. '\\'   D. '\0xcc'

正确答案：A

解析：'\ddd'表示八进制数，无数码8，所以A不合法。'\"'表示字符'"'。'\\'表示字符'\'。'\0xcc'表示十六进制数CC，转换为十进制数是12×16+12=204，即ASCII码为204的字符。

3. 字符变量

字符变量是用来存放字符数据的，使用关键字char来声明字符变量。所有编译系统都规定一个字符型数据在内存中占一个字节，在内存中是以字符的ASCII码形式存储的，所以字符型数据和整型数据之间在一定数值范围内可以通用。

（五）注意事项

学习 C 语言中的数据类型时，须注意以下几点：

（1）不同的数据类型有不同的取值范围。

（2）不同的数据类型有不同的操作。

（3）不同的数据类型即使有相同的操作有时含义也不同。

（4）不同的数据类型在计算机中可能出现的错误不同。

（5）C 语言的数据类型可以构造复杂的数据结构。

（6）C 语言中的数据有变量与常量，它们分别属于上述这些类型。

2.4　数据类型的混合运算

（一）自动类型转换

1.　定义

当参与运算的操作数的数据类型不一致时，系统将自动进行数据类型之间的转换，称为自动类型转换。

2.　转换规则

（1）若参与运算量的类型不同，则先转换成同一类型，然后进行运算。

（2）转换按数据长度增加的方向进行，以保证精度不降低。

（3）所有的实型运算都是以双精度进行运算的。

（4）char 型和 short 型参与运算时，必须先转换成 int 型。

（5）在赋值运算中，赋值号右边量的类型将转换为左边量的类型。

转换规则如图 2-2-10 所示。

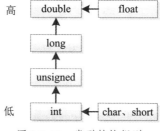

图 2-2-10　类型转换规则

3.　说明

（1）横向箭头表示必须转换，如两个 float 型数据参加运算，虽然它们类型相同，但仍要先转换成 double 型再进行运算，结果亦为 double 型。

（2）纵向箭头表示当运算符两边的运算对象为不同类型时的转换方向，如一个 long 型数据与一个 int 型数据一起运算，需要先将 int 型数据转换为 long 型，然后二者再进行运算，结果为 long 型。

（二）强制类型转换

强制类型转换是指将某一数据的数据类型转换为指定的另一种数据类型。强制转换是用强制转换运算符进行的。

一般形式为：(类型名)(表达式)

例如：(float)x+y　　　（将变量 x 转换成 float 类型）

(float)（x+y）（将表达式 x+y 转换成 float 类型）

2.5　算术运算

（一）算术运算符

1.　基本算术运算符

基本算术运算符按运算优先级由高到低如下：

（1）+（取正）、-（取负）　　　右结合性

（2）*、/、%　　　　　　　　　左结合性

（3）+、-　　　　　　　　　　　左结合性

2.　关于除法运算

参与运算的量均为整型时，结果为整型，舍去小数，例如：5/2=2。

3.　关于求余数运算%

参与运算的量均为整型时，结果为两数相除的余数，结果的符号和被除数符号相同。例如：-16%3=-1，16%-3=1。

（二）算术表达式

1.　定义

算术表达式是用算术运算符和括号将运算对象（即操作数）连接起来的符合 C 语言语法规则的式子。

2.　C 语言算术表达式的书写形式与数学表达式的书写形式的区别

（1）C 语言算术表达式的乘号（*）不能省略。

（2）C 语言算术表达式中只能出现字符集允许的字符。

（3）C 语言算术表达式只能使用圆括号改变运算的优先顺序（不能使用{}、[]）。可以使用多层圆括号，此时左右括号必须配对，运算时从内层括号开始，由内向外依次计算表达式的值。

3.　表达式求值要遵循的规则

（1）按运算符的优先级高低次序执行。

（2）如果一个运算对象（或称操作数）两侧运算符的优先级相同，则按 C 语言规定的结合方向（结合性）进行。

4.　示例解析

【示例 2-4】若有定义"int a;"，则语句"a=(3*4)+2%3;"运行后，a 的值为（　　）。

　A. 12　　　　B. 14　　　　C. 11　　　　D. 17

正确答案：B

解析：根据运算符优先级由高到低进行运算，括号的优先级最高，其次是乘、除、取余，最后是加、减，a=(3*4)+2%3=12+2=14。

【示例 2-5】若有定义"float x=3.5;int z=8;"，则表达式"x+z%3/4"的值为（　　）。

　A. 3.75　　　B. 3.5　　　C. 3　　　　D. 4

正确答案：B

解析：根据运算符优先级由高到低进行运算，括号的优先级最高，其次是乘、除、取余，

最后是加、减，x+z%3/4=3.5+8%3/4=3.5+2/4=3.5+0=3.5。

（三）自增自减运算

1. 自增自减运算符

++：自增运算符，使变量的值增1，单目运算符，右结合性。

--：自减运算符，使变量的值减1，单目运算符，右结合性。

自增和自减运算符的运算对象必须是变量，不能是常量或表达式，且在书写时中间不能有空格。

自增自减运算有两种形式：

（1）前置运算：++i，--i。

（2）后置运算：i++，i--。

两个运算符均为单目运算符，优先级高于一般的双目算术运算符，右结合性。

2. 自增自减的运算

以自增运算为例，++i 和 i++对于变量 i 而言，所起的作用是一致的，都相当于 i=i+1，但是变量 i 的值并不能代表表达式++i 或 i++的值。表达式++i 的值是 i 增 1 之后的值，而表达式 i++的值是 i 增 1 之前的值。

3. 示例解析

【示例 2-6】以下程序的执行结果为（　　）。

```c
#include <stdio.h>
int main()
{
    int i=3,j=3,m,n;
    m=++i;
    n=j++;
    printf("i=%d,m=%d\n",i,m );
    printf("j=%d,n=%d\n",j,n );
    return 0;
}
```

正确答案：

i=4,m=4

j=4,n=3

解析：m=++i 运算结束，++i 等价于 i=i+1，i 的结果为 4，m 的值为 i 增 1 之后的值，所以也是 4。n=j++运算结束，j++等价于 j=j+1，j 的结果为 4，n 的值为 i 增 1 之前的值，所以是 3。

【示例 2-7】语句"i=3;j=i++;"，运算结束 j 的值是（　　）。

正确答案：3

解析：i++等价于 i=i+1，i 的结果为 4，j 的值为 3。

2.6 赋值运算

（一）赋值运算符

赋值运算符是将某一个表达式的值传送给指定变量的操作，"="就是赋值运算符，右结合性，优先级低于算术运算符。

（二）赋值表达式

用赋值运算符连接起来的表达式，称为赋值表达式。

赋值表达式的一般形式为：变量=表达式

赋值号左边只能是变量，不能为常量或表达式；赋值号右边可以是变量、常量或任意表达式。

（三）复合赋值运算

复合赋值运算符是由赋值运算符之前再加一个双目运算符构成,常用的有 5 种: +=、-=、*=、/=、%=。

复合赋值运算的一般格式为：变量 双目运算符=表达式

等价于：变量=变量 双目运算符 表达式

如：a+=5 等价于 a=a+5

x*=a+b 等价于 x=x*(a+b)

复合赋值运算符十分有利于编译处理，能提高编译效率并产生质量较高的目标代码。

2.7 逗号运算

1. 逗号运算符

逗号运算符即顺序求值运算符，其运算符是逗号","，用逗号将两个或多个表达式连接起来，表示顺序求值，称为逗号表达式。

逗号表达式的一般形式：表达式1,表达式2,…,表达式n

逗号表达式的求解过程是：自左向右，求解表达式1，求解表达式2，…，求解表达式n。整个逗号表达式的值是表达式n的值。

2. 示例解析

【示例2-8】设有定义 "int x=2;"，以下表达式中，值不为 6 的是（　　）。

   A. x*=x+1 　　　 B. x++,2*x 　　　 C. x*=(1+x) 　　　 D. 2*x,x+=2

正确答案：D

解析：A. x*=x+1 赋值表达式，等价于 x=x*(x+1)=6。

　　　B. x++,2*x 逗号表达式，x++等价于 x=x+1,x=3，所以 2*x=6。

　　　C. x*=(1+x) 赋值表达式，等价于 x=x*(1+x)=6。

　　　D. 2*x, x+=2 逗号表达式，2*x=4 但 x 值未变，x+=2 等价于 x=x+2=4。

✎ 重点难点分析

本章重点需要了解常量和变量的概念、存储形式及其应用；掌握各种运算符的表示、优先级及其结合性；了解各类表达式的概念及其使用。难点是变量在内存中的存储长度，自增、自减运算，综合表达式的计算。

部分课后习题解析

3. %取余运算是 C 语言中经常用到的运算符，双目运算符，两个操作数必须是整数。

4. 整个表达式是逗号表达式，逗号表达式由左向右依次求解各表达式的值，最后一个表达式的值是整个逗号表达式的值，注意第三个表达式 a+b++，使得 b 的值增 1。

5. 既有强制数据类型转换，又有自动数据类型转换，(int)a 是强制数据类型转换，b/b 为实型，系统自动转换成 double 型进行运算，所以结果为 double 型。

6. C 语言规定，标识符只能是字母（A—Z、a—z）、数字（0—9）、下划线（_）组成的字符串，并且其第一个字符必须是字母或下划线。标识符区分大小写，C 语言中的关键字不可作为标识符。其中 void 是关键字。

8. 在 C 语言中，整数可以用 3 种形式表示：十进制、八进制（以 0 开头）、十六进制（以 0x 开头）。注意八进制和十六进制的数码。

实型常量有两种表示形式：十进制小数形式，其中 12.0 和 0.12 的 0 均可省略；指数形式，格式为：尾数 e 指数，其中 e 大小写均可，e 前 e 后都必须有数字，e 后必须是整数。

9. printf()是输出函数，第 3 章有详细讲解，%c 是字符的输入输出格式，注意多个转义字符的含义。

10. 同上，%d 是输入输出字符的 ASCII 码。

11. C 语言中表达式的运算是按照运算符优先级由高到低进行运算，算术运算符优先级高于赋值运算符，注意运算符的结合性，如*=等复合赋值运算符是右结合性，即由右向左进行运算。

（3）c-=6 等价于 c=c-6，b+=4 等价于 b=b+4。

（4）先运算 c%=2，再运算 a%=c，注意 a 和 c 为变量，运算过程中会改变。

（5）运算顺序 a*=a、a-=a、a+=a，运算过程中 a 的值会改变。

12. 自增自减运算，++i 和 j++实现了 i 和 j 的值增 1，但是++i 和 j++本身是表达式，结果不同。表达式 ++i 的值是 i 增 1 之后的值，而表达式 j++的值是 j 增 1 之前的值。

练习题

一、填空题

1. 若"int a=1,b=2,c=3;"，执行语句"a+=b*=c;"后 a 的值是_____；若 a 为整型变量，则表达式"(a=4*5,a*2),a+6"的值为_____。

2. 已知"i=5"，写出语句"i*=i+1;"，执行后整型变量 i 的值是_____，已知"int x=1/4;"，则 x 的值为_____。

二、选择题

1. 在下列字符串中，合法的标识符是（   ）。

    A. p12&.a   B. stud_100   C. water$12   D. 88sum

2. 结构化程序设计的三种基本结构是（   ）。

    A. 函数结构、分支结构、判断结构   B. 函数结构、嵌套结构、平行结构

    C. 顺序结构、分支结构、循环结构   D. 分支结构、循环结构、嵌套结构

3. C 语言中，各数据类型的存储空间长度的排列顺序为（   ）。

    A. char<int≤long≤float<double   B. char=int<long≤float<double

C. char<int<long=float=double   D. char=int=long≤float<double

4. 下列关于 C 语言标识符的描述，正确的是（   ）。

   A. 不区分大小写   B. 标识符不能描述常量

   C. 类型名也是标识符   D. 标识符可以作为变量名

5. 下列叙述正确的是（   ）。

   A. 2/3 与 2.0/3.0 等价   B. (int)2.0/3 与 2/3 等价

   C. ++5 与 6 等价   D. 'A'与"A"等价

6. 下列叙述中，（   ）不是结构化程序设计中的三种基本结构之一。

   A. 数据结构   B. 分支结构   C. 循环结构   D. 顺序结构

7. 若有定义：int x,a;，则语句"x=(a=3,a+1);"运行后，x、a 的值依次为（   ）。

   A. 3,3   B. 4,4   C. 4,3   D. 3,4

8. 以下（   ）是正确的常量。

   A. E-5   B. 1E5.1   C. 'a12'   D. 32766L

9. 若有代数式 3ae/bc，则不正确的 C 语言表达式是（   ）。

   A. a/b/c*e*3   B. 3*a*e/b/c   C. 3*a*e/b*c   D. a*e/c/b*3

10. C 语言的基本数据类型包括（   ）。

   A. 整型、实型、字符型   B. 整型、实型、字符型、逻辑型

   C. 整型、字符型、逻辑型   D. 整型、实型、逻辑型

11. 假设所有变量均为整型，则表达式"(x=2, y=5, y++, x+y)"的值是（   ）。

   A. 7   B. 8   C. 6   D. 2

12. 以下选项中，合法的用户标识符是（   ）。

   A. long   B. _2abc   C. 3dmax   D. A.dat

13. 已知 double a=5.2; 则正确的赋值表达式是（   ）。

   A. a+=a-=(a=4)*(a=3)   B. a=a*3=2

   C. a%3   D. a=double(-3)

14. 设整型变量 a 为 5，使 b 不为 2 的表达式是（   ）。

   A. b=(++a)/3   B. b=6-(--a)

   C. b=a%2   D. b=a/2

第3章　顺序结构程序设计

知识框架图

知识框架图如图 2-3-1 所示。

图 2-3-1　知识框架图

知识点介绍

3.1　C 程序的组成

（一）C 语言中的 5 种语句

1. 控制语句

（1）分支语句：if()…else…;

（2）多分支语句：switch(){…};

（3）循环语句：for()…;　while()…;　do{…}while();

（4）结束本次循环语句：continue;

（5）结束循环语句或结束 switch 语句的语句：break;

（6）转向语句：goto…;

（7）返回语句：return();

2. 表达式语句

一般形式为：表达式;

如："x=y+z;"是一条赋值语句。

3. 函数调用语句

一般形式为：函数名(实参表);

如："z=min(x,y);"是一个函数调用语句，表示调用了自定义的 min 函数，把得到的结果赋值给变量 z。

4. 复合函数

用一对大括号"{ }"括起来的一条或多条语句就称为一条复合语句。例如：

```
{
    x=y+z;
    a=b+c;
    printf("%d,%d",x,a);
}
```

是一条复合语句。

5. 空语句

只有分号";"组成的语句称为空语句。例如：

```
for(i=1;i<100;i++);
```

这条语句的功能是，for 语句一直循环，直到变量 i 的条件不成立，退出循环。这里的循环体就是空语句，因为 for 的后面只有分号，没有语句。

（二）真题解析

【示例 3-1】以下程序运行后的输出结果是（　　）。（二级考试真题 2011.9）

```
#include <stdio.h>
int main()
{
    int a=37;
    a%=9;
    printf("%d\n",a);
    return 0;
}
```

正确答案：1

程序分析：定义了整型变量 a，初值为 37，执行 a%9，结果赋值给 a，即 37%9 的结果赋值给 a，所以输出的 a 值为 1。

3.2　赋值语句

（一）一般形式

一般形式为：<变量>=<表达式>;

（二）注意事项

（1）在变量声明中，不允许连续给多个变量赋初值。

例如："int x=y=z=3;"这个语句是错误的。

必须写为：int x=3,y=3,z=3; 或 int x,y,z; x=y=z=3;

赋值语句允许连续赋值。

（2）赋值表达式是一种表达式，可以出现在任何表达式可以出现的地方，而赋值语句则不能。例如：

下述语句是合法的：

while(n<=100)

```
{
    s=s+n;
    n=n+1;
}
```

该语句的功能是：1 到 100 求和。

下述语句是非法的：

```
while(n<=100;)
{
    s=s+n;
    n=n+1;
}
```

因为"n<=100;"是语句，不能出现在表达式中。

（3）赋值符号左侧必须是变量；右侧可以是常量，也可以是变量或者函数调用。

（4）赋值表达式的值就是它所赋的变量的值。

例如：a=3 是一个赋值表达式，执行该语句后，a 的值为 3，整个赋值表达式的值就是 a 的值 3。

（三）真题解析

【示例 3-2】以下程序运行后的输出结果是（　　）。（二级考试真题 2011.3）

```
#include<stdio.h>
int main()
{
    int x=10,y=20,t=0;
    if(x==y)
        t=x;
        x=y;
        y=t;
    printf("%d %d\n",x,y);
    return 0;
}
```

正确答案：20,0

程序分析："if(x==y) t=x;x=y;y=t;"等价于"if(x==y){t=x;}x=y;y=t;"（if 条件的执行语句只到第一个分号为止），题目中 if 条件不成立，所以不执行"t=x"，接着往下执行"x=y;y=t;"，因此"x=20,y=0"。

3.3　数据的输入与输出

（一）数据的输出函数

1. 字符型数据输出函数——putchar()

（1）一般形式：putchar(字符型表达式);

（2）功能：向终端（显示器）输出一个字符（可以是可显示的字符，也可以是控制字符或其他转义字符）。

2. 格式输出函数——printf()

（1）一般形式：printf("格式控制字符串",输出表列);

（2）功能：按照用户指定的格式，向输出设备输出若干个任意类型的数据。

3. 课本示例分析

【例3.1】字符数据的输出。

```c
#include <stdio.h>
int main()
{
    char c='a';
    int i=97;
    printf("%c,%d\n",c,c);
    printf("%c,%d\n",i,i);
    printf("%3c",c);
    return 0;
}
```

运行结果：

a,97

a,97

　　a

由课本的例3.1可以看出：

① 一个整数，只要它的值在0～255范围内，则既可以用整数形式输出也可以用字符形式输出。反之，一个字符形式数据也可以用整数形式输出。

② 本例中的"printf("%3c",c);"即指定了输出字段的宽度为3个字符。这和整型数据格式一样，如果数据的位数小于3，则左端补以空格补足3位；如果大于3，则按照实际位数输出。本例中把字符a赋值给变量c，所以变量c的输出位数小于3，则在输出结果为a的左端补上2个空格。

【例3.2】用printf输出各种数据。

```c
#include <stdio.h>
#include <string.h>
int main()
{
    char c,s[20]="Hello,Comrade";
    int a=1234,i;
    float f=3.141592653589;
    double x=0.12345678987654321;
    i=12;
    c='\x41';
    printf("a=%d\n",a);          /*结果输出十进制整数 a=1234*/
    printf("a=%6d\n",a);         /*结果输出 6 位十进制数 a=    1234*/
```

85

```
        printf("a=%2d\n",a);              /*a 超过 2 位，按实际值输出 a=1234*/
        printf("i=%4d\n",i);              /*输出 4 位十进制整数 i=   12*/
        printf("i=%-4d\n",i);             /*输出左对齐 4 位十进制整数 i=12   */
        printf("f=%f\n",f);               /*输出浮点数 f=3.141593*/
        printf("f=%6.4f\n",f);            /*输出 6 位其中小数点后 4 位的浮点数 f=3.1416*/
        printf("x=%lf\n",x);              /*输出长浮点数 x=0.123457*/
        printf("x=%18.16lf\n",x);         /*输出 18 位其中小数点后 16 位的长浮点数
                                            x=0.1234567898765432*/
        printf("c=%c\n",c);               /*输出字符 c=A*/
        printf("c=%x\n",c);               /*输出字符的 ASCII 码值 c=41*/
        printf("s[]=%s\n",s);             /*输出数组字符串 s[]=Hello,Comrade*/
        printf("s[]=%6.9s\n",s);          /*输出最多 9 个字符的字符串 s[]=Hello,Com*/
        return 0;
}
```

上面结果中的地址值在不同计算机上可能不同。Visual C++ 2010 编译输出结果如图 2-3-2 所示。

图 2-3-2　例 3.2 运行结果

由课本的例 3.2 可以看出：

① 本例中的"printf("i=%4d\n",i);"指定了输出字段的宽度为 4 位。如果数据的位数小于 4，则左端补空格以补足 4 位；如果大于 4，则按照实际位数输出。本例中变量 i 的值为 12，其位数小于 4，所以输出结果为 12 的左端补上 2 个空格。

② 本例中的"printf("i=%-4d\n",i);"出现了标志格式字符"-"，要求结果左对齐，右边填空格。本例中变量 i 的值为 12，其位数小于 4，并且含有标志格式字符"-"，所以输出结果为 12 的右端补上 2 个空格。

③ 本例中的"printf("f=%6.4f\n",f);"指定了输出字段的宽度为 6 位，其中有 4 位小数。如果数据的位数小于 6，则左端补空格以补足 6 位。本例中变量 f 的值为 3.141 592 653 589，其位数大于 6，需要把变量 f 的值四舍五入成 6 位，并且有 4 位小数（其中小数点符号"."也占 1 位），所以输出结果为 3.141 6。

④ 本例中的"printf("s[]=%6.9s\n",s);"指定了输出字段的宽度为 6，只截取字符串左端 9 个字符。如果数据的位数小于 6，则左端补空格以补足 6 位，如果数据的位数大于 6，则按照实际位数输出。本例中变量 s 的值为"Hello,Comrade"，只取此字符串中的前 9 位，其中包

括逗号、空格。截取的位数为 9 位,大于 6,结果按实际位数输出。所以输出结果为 Hello,Com。

4. 真题解析

【示例 3-3】有以下程序(说明:字符 0 的 ASCII 码值为 48),若程序运行时从键盘输入 48(回车),则输出结果为( )。(二级考试真题 2014.3)

```
#include<stdio.h>
int main()
{
    char c1,c2;
    scanf("%d",&c1);
    c2=c1+9;
    printf("%c%c\n",c1,c2);
    return 0;
}
```

正确答案:09

程序分析:定义了两个字符型变量 c1、c2,从键盘输入 c1 的值为整型数据 48,字符 0 的 ASCII 码值为 48,而且 c1 是字符型变量,所以 c1 的值为字符'0'。然后执行 c2=c1+9,即 c2 的值为 57,所对应的字符为'9'。要求输出的 c1、c2 的数据类型为字符型,因此输出的字符为 09。

(二)数据的输入函数

1. 字符型数据输入函数——getchar()

(1)一般形式:getchar()

(2)功能:从终端(键盘)输入一个字符,以回车键确认。getchar()函数没有参数,函数的返回值就是输入的字符。

2. 格式输入函数——scanf()

(1)一般形式:scanf("格式控制字符串",地址列表);

(2)功能:按照用户指定的格式,从输入设备输入若干个指定类型的数据。

(3)注意事项:

① 在输入多个数值数据时,如果"格式控制字符串"中没有非格式字符作输入数据之间的间隔,则需要用空格、Tab 或回车作间隔。例如:

scanf("%d%d%d",&x,&y,&z);

输入:3 4 5

或

3
4
5

如果格式控制字符串中有非格式字符,则需要在输入数据时在对应位置上输入与这些字符相同的字符。例如:scanf("%d,%d,%d",&x,&y,&z);,则输入时各数据之间应加逗号 ",",即输入为 3,4,5。

再如:scanf("%d %d %d",&x,&y,&z);,则输入时各数据之间应加空格,即输入为 3 4 5。

② 在输入字符数据时,如果格式控制字符串中没有非格式字符串,则认为所有输入字

符均为有效字符。例如：scanf("%c%c%c",&a,&b,&c);，若输入"b o y"，则把'b'赋值给 a，把' '（空格）赋值给 b，把'o'赋值给 c。只有当输入"boy"时，才能把'b'赋值给 a，'o'赋值给 b，'y'赋值给 c。

再如：scanf("%c %c %c",&a,&b,&c);，则输入时各数据之间应加空格，即输入为 boy。

再如：scanf("%c,%c,%c",&a,&b,&c);，则输入时各数据之间应加逗号"，"，即输入为 b,o,y。

3. 课本示例分析

【例 3.4】用 scanf()函数输入数据。

```c
#include <stdio.h>
int main()
{
    int a,b,c;
    printf("input a,b,c\n");
    scanf("%d%d%d",&a,&b,&c);
    printf("a=%d,b=%d,c=%d",a,b,c);
    return 0;
}
```

解析如下：

（1）分析问题。设从键盘上输入的三个整数为 a、b、c，然后用输出函数输出这三个整数。求解步骤如下：

① 定义三个变量 a、b、c；

② 从键盘上输入变量值；

③ 在显示器上显示输入的变量值；

④ 结束。

（2）画传统流程图。传统流程图如图 2-3-3 所示。

（3）编写程序。

（4）运行。运行结果如图 2-3-4 所示。

图 2-3-3　例 3.4 的算法传统流程图

图 2-3-4　例 3.4 运行结果

【例 3.5】输入三角形的三个边长，求其周长和面积。（公式：area=$\sqrt{s(s-a)(s-b)(s-c)}$，其中 s=(a+b+c)/2）。

解析如下：

（1）分析问题：设实型变量 a、b、c 表示三角形的三个边长，实型变量 s、area 表示三角形周长的一半和面积。公式 area=$\sqrt{s(s-a)(s-b)(s-c)}$，s=(a+b+c)/2。

求解步骤如下：

① 输入三角形的边长 a、b、c；

② 计算周长的一半 s=(a+b+c)/2；

③ 计算面积 area=$\sqrt{s(s-a)(s-b)(s-c)}$；

④ 输出 a、b、c 的值；

⑤ 输出 s、area 的值；

⑥ 结束。

（2）画传统流程图。传统流程图如图 2-3-5 所示。

（3）编写程序。程序见课本例 3.5。

（4）运行。运行结果如图 2-3-6 所示。

图 2-3-5　例 3.5 的算法传统流程图　　　　图 2-3-6　例 3.5 运行结果

4. 真题解析

【示例 3-4】设有以下语句 "char ch1,ch2;scanf("%c%c",&ch1,&ch2);"，若要为变量 ch1 和 ch2 分别输入 A 和 B，正确的输入形式应该是（　　）。（二级考试真题 2012.3）

　　A．A 和 B 之间用逗号间隔　　　　　　　B．A 和 B 之间不能有任何间隔符

　　C．A 和 B 之间可以用回车间隔　　　　　D．A 和 B 之间用空格间隔

正确答案：B

例题分析：在输入字符数据时，若格式控制字符串中没有非格式字符，则认为所有输入的字符均为有效字符，因此，在输入字符时 A、B 之间不能有任何间隔符。

【示例 3-5】若有定义 "int a,b;"，通过语句 "scanf("%d%d",&a,&b);"，能把整数 3 赋给变量 a、5 赋给变量 b 的输入数据是（　　）。（二级考试真题 2011.9）

　　A．3　5　　　　　B．3,5　　　　　C．3;5　　　　　D．35

正确答案：C

例题分析：在输入多个数值数据时，如果在格式控制字符串中有非格式字符，则在输入

数据时在对应位置上应输入与这些字符相同的字符。因此在输入数值时应输入 3;5。

5. 综合示例

【示例 3-6】已知长方体的长为 7，宽为 4，高为 3，求长方体的表面积和体积。用 scanf() 函数输入数据，输出计算结果，取小数点后两位小数。

（1）分析问题：设实型变量 a、b、h 表示长方体的长、宽、高，实型变量 s、v 分别表示长方体的表面积和体积。用表面积和体积公式求解。

求解步骤：

① 确定长方体的长、宽、高为 a、b、h；
② 计算长方体的表面积 s=2*(a*b+b*h+a*h)；
③ 计算长方体的体积 v=a*b*h；
④ 输出 s、v 的值；
⑤ 结束。

（2）画传统流程图。传统流程图如图 2-3-7 所示。

（3）编写程序。

```c
#include<stdio.h>
int main()
{
    float a,b,h,s,v;
    printf("please input a,b,h:");
    scanf("%f,%f,%f",&a,&b,&h);
    s=2*(a*b+b*h+a*h);
    v=a*b*h;
    printf("s=%7.2f\n",s);
    printf("v=%7.2f\n",v);
    return 0;
}
```

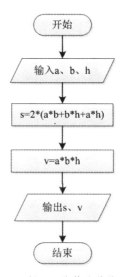

图 2-3-7　示例 3-6 的算法传统流程图

（4）运行。输出结果如图 2-3-8 所示。

```
please input a,b,h:7,5,2
s= 118.00
v=  70.00
Press any key to continue
```

图 2-3-8　示例 3-6 运行结果

【示例 3-7】从键盘上输入两个小写字母，要求用大写字母形式输出该字母及对应的 ASCII 码值。

（1）分析问题：设字符型变量 ch1、ch2 分别表示两个小写字母，字符型变量 ch3、ch4 分别表示两个大写字母。利用小写字母和大写字母之间的关系求解（小写字母的 ASCII 码值比大写字母的大 32）。

（2）画传统流程图。传统流程图如图 2-3-9 所示。

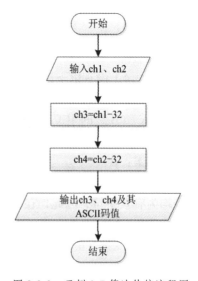

图 2-3-9　示例 3-7 算法传统流程图

（3）编写程序。

```
#include<stdio.h>
int main()
{
    char ch1,ch2,ch3,ch4;
    printf("please input ch1,ch2:");
    scanf("%c%c",&ch1,&ch2);
    ch3=ch1-32;
    ch4=ch2-32;
    printf("%c,%d\n",ch3,ch3);
    printf("%c,%d\n",ch4,ch4);
    return 0;
}
```

（4）运行。输出结果如图 2-3-10 所示。

```
please input ch1,ch2:eh
E,69
H,72
Press any key to continue
```

图 2-3-10　示例 3-7 运行结果

重点难点分析

本章主要介绍 C 语言的一些基本语句以及怎样利用它们编写简单的程序，并且对 C 程序设计有一个初步的认识。本章需要重点掌握 printf()、scanf()函数的应用。熟练掌握 C 语言的 5 种基本语句，尤其是赋值语句。难点是 printf()、scanf()函数中格式控制字符的应用，scanf()函数中非格式字符对输入数据的影响。

部分课后习题解析

1. 见课本 C 语言中的 5 类语句。

3. 变量 a 是 double 类型，在 scanf()函数中没有精度控制，如"scanf("%5.2f",&a);"是非法的。scanf()函数地址表列中要求给出的是变量的地址，若给出变量名则会出错。如"scanf("%d",a);"是非法的，应改为"scanf("%d",&a);"才是合法的。

6. 在 scanf()函数的格式字符串中，由于没有非格式字符在"%d%d"之间作输入时的间隔，因此在输入时要用一个以上的空格、Tab 制表符或回车键作为每两个输入数之间的间隔。

7. putchar()功能是向终端（显示器）输出一个字符（可以是可显示的字符，也可以是控制字符或其他转义字符）。

9. 在输入多个数值数据时，若格式控制字符串中没有非格式字符作输入数据之间的间隔，则可用空格、Tab 或回车作间隔。在输入字符数据时，若格式控制字符串中没有非格式字符，则认为所有输入的字符均为有效字符。

11. 参考程序：

```
#include<stdio.h>
#include<math.h>
#define PI 3.14
int main()
{
    float r,h,s,v;
    printf("please input r,h:");
    scanf("%f,%f",&r,&h);
    s=2*PI*r*r+2*PI*r*h;
    v=PI*r*r*h;
    printf("s=%.2f,v=%.2f",s,v);
    return 0;
}
```

12. 参考程序:

```
#include<stdio.h>
int main()
{
    int x,y,z;
    float s,ave;
    printf("please input x,y,z:");
    scanf("%d,%d,%d",&x,&y,&z);
    s=x+y+z;
    ave=(x+y+z)/3.0;
    printf("x=%d,y=%d,z=%d\n",x,y,z);
    printf("s=%f,ave=%f\n",s,ave);
    return 0;
}
```

13. 参考程序:

```
#include<stdio.h>
int main()
{
    char a,b;
    printf("please input a:");
    scanf("%c",&a);
    b=a-32;
    printf("%c\n",b);
    printf("%d\n",b);
    printf("%c\n",b+1);
    printf("%d\n",b+1);
    printf("%c\n",b-1);
```

```
        printf("%d\n",b-1);
        return 0;
    }
```

14. 参考程序：

```
#include <stdio.h>
int main()
{
    float c,F;
    printf("please input F:");
    scanf("%f",&F);
    c=(5.0/9)*(F-32);
    printf("%4.2f\n",c);
    return 0;
}
```

练习题

一、填空题

1. C语言程序中引用标准输入输出库函数，必须在每个源文件的首部写下#include<_____>。

2. 一个程序行可以写一条或多条语句，每条语句总是以_____结束。

3. 在赋值表达式中，赋值符号的左侧只能是_____，不能是常量或_____。

4. 若有代数式 $x^2 \div (3x+5)$，则正确的C语言表达式为_____。

5. 若 x 为 int 型变量，则执行语句"x=7; x+=x-=x+x;"后 x 的值为_____。

二、选择题

1. 已知"int a;"，使用 scanf()函数输入一个整数给变量 a，正确的函数调用是（　　）。

　　A. scanf("%d",a);　　　　　　　　B. scanf("%d",&a);

　　C. scanf("%f",&a);　　　　　　　　D. scanf("%lf",&a);

2. 若有说明"int a,b;"，下面输入函数调用语句正确的是（　　）。

　　A. scanf("%d%d",a,b);　　　　　　B. scanf("%d%d",&a,&b);

　　C. scanf(%d%d,a,b);　　　　　　　D. scanf(%d%d,&a,&b);

3. printf()函数中用到格式符%5s，其中数字5表示输出的字符串占用5列。如果字符串长度大于5，则输出方式按（　　）。

　　A. 从左起输出该字符串，右补空格　　B. 原字符串长度从左向右全部输出

　　C. 右对齐输出该字符串，左补空格　　D. 输出错误信息

三、改错题（每题错误 5 处，要求列出错误所在的程序行号并修改）

1. 要求在屏幕上输出以下一行信息。

This is a C program.

程序如下：

（1）#include <stdoi.h>

（2）int main

93

（3）{

（4）printf("this is a C program.\n");

（5）return o;

（6）}}

2．以下程序的功能是，输入长方形的两边长（边长可以取整数和实数），输出它的面积和周长。

（1）include<stdio.h>

（2）int main()

（3）{

（4）　　int a,b,s,l;

（5）　　scanf("%d,%d",a,b);

（6）　　s=a*b;

（7）　　l=a+b;

（8）　　printf("s=%f,l=%f\n",s,l);

（9）　　return 0

（10）}

四、读程序写结果

1．
```
#include <stdio.h>
int main()
{
  int a,b;
  scanf("%2d%*2d%2d",&a,&b);
  printf("%d\n",a+b);
  return 0;
}
```

运行时输入 12345678，输出结果是＿＿＿＿＿＿＿＿。

2．
```
#include <stdio.h>
int main()
{
  int a=3,b=5,x,y;
  x=a+1,b+6;
  y=(a+1,b+6);
  printf("x=%d,y=%d\n",x,y);
  return 0;
}
```

输出结果是＿＿＿＿＿＿＿＿。

五、编程序

输入两个实数 a、b，然后交换它们的值，最后输出。

【提示】要交换两个数得借助一个中间变量 temp。首先让 temp 存放 a 的值，然后把 b 存入 a，再把 temp 存入 b 就完成了。

第4章 分支结构程序设计

知识框架图

知识框架图如图 2-4-1 所示。

图 2-4-1 知识框架图

知识点介绍

4.1 关系运算

（一）关系运算符

1. 六种关系运算符

六种关系运算符分别是<、<=、>、>=、==、!=。

2. 优先级

关系运算符中的<、<=、>、>=优先级相同，比==、!=的优先级高。

（二）关系表达式

1. 定义

关系表达式是用关系运算符将两个及两个以上运算量连接起来的表达式。

2. 示例

【示例 4-1】已知 a=1，b=2，c=3，求解以下表达式的值。

（1）a<=b　　（2）a==b>c　　（3）f=c>b>a

答案：1、0、0

解析：

（1）表达式"a<=b"比较的结果为"真"，即表达式的值为 1。

（2）表达式 "a==b>c" 的值为 "0"，因为 ">" 的优先级高于 "=="，所以该表达式等价于 "a==(b>c)"，先求得 "b>c" 的值为 0，再与 "==" 右边的 a 比较，值不同，最后结果为 "假"，即值为 0。

（3）当关系表达式参与其他种类的运算，如算术运算、逻辑运算、赋值运算等时，根据不同表达式间运算的优先顺序进行运算，本题中，应先求得 "c>b" 的值为 1，然后再用结果值 "1">a 进行比较，值为 0，最后进行赋值运算。所以最后的结果为 0。（即先关系运算，后赋值运算。）

（三）真题解析

【示例 4-2】下列条件语句中，输出结果与其他语句不同的是（   ）。（二级考试真题 2011.9）

A. if(a)   printf("%d\n", x);   else printf("%d\n",y);

B. if(a==0) printf("%d\n", y);   else printf("%d\n",x);

C. if(a!=0) printf("%d\n", x);   else printf("%d\n",y);

D. if(a==0) printf("%d\n", x);   else printf("%d\n",y);

正确答案：D

真题分析：A. if 语句中的表达式 a 即是 a!=0，此 if 语句为当条件 a!=0 成立时输出 x，否则输出 y；B. 此 if 语句为当条件 a==0 成立时输出 y，否则输出 x；C. 此 if 语句为当条件 a!=0 成立时输出 x，否则输出 y；D. 此 if 语句为当条件 a==0 成立时输出 x，否则输出 y。因此只有 D 选项和其他语句不同。

4.2 逻辑运算

（一）逻辑运算符

1. 三种逻辑运算符

三种逻辑运算符分别是&&、||和!。

2. 运算规则

（1）&&：当且仅当两个运算量的值都为 "真" 时，运算结果为 "真"，否则为 "假"。

（2）||：当且仅当两个运算量的值都为 "假" 时，运算结果为 "假"，否则为 "真"。

（3）!：当运算量的值为 "真" 时，运算结果为 "假"；当运算量的值为 "假" 时，运算结果为 "真"。

3. 优先级和结合性

（1）逻辑非（!）的优先级最高，逻辑与（&&）次之，逻辑或（||）最低。

（2）它们的结合性不同，"!" 的结合性为从右向左，"&&" 和 "||" 的结合性为从左向右。

4. 逻辑运算符与其他运算符的优先关系

逻辑运算符与其他运算符的优先关系如图 2-4-2 所示。

图 2-4-2 逻辑运算符和其他运算符的优先关系

（二）逻辑表达式

1．定义

用逻辑运算符将运算量连接起来的式子叫逻辑表达式。运算量可以是常量、变量和表达式，一般是关系表达式。

2．示例

【示例4-3】求解下列表达式的值。

（1）x=5，求!x。

（2）x=10，求 x>=11&&x<=25。

（3）a=3，b=5，求 a<2||b。

正确答案：0、0、1

解析：

（1）因为 x 的值为 5，表示非 0，代表"1"，对它进行"非"运算之后，即"非1"，因此结果为 0。

（2）当 x 取值 10 时，表达式"x>=11"的值为 0，表达式"x<=25"的值为 1，因此该表达式相当于"0&&1"，所以最后结果为 0。

（3）由给定条件可知，该表达式相当于"0||1"，所以结果为 1。

3．短路原则

在逻辑表达式的求解过程中，并不是所有的表达式都被执行，只是在必须执行下一个逻辑表达式才能求出整个表达式的结果时，才执行该表达式。

【示例4-4】设 a=1、b=2、c=3，求以下表达式的值。

（1）a+b>c&&a>b&&b+2<c

（2）a<b&&c>=a+1&&b==a+1

（3）a+b>=c||a>b||b+2<c

（4）a>b||c>=a+1||b==a+1

正确答案：0、0、1、1

解析：

（1）按照表达式从左向右的执行过程，先计算表达式"a+b>c"的值为 0，根据短路原则，运算符"&&"后面的表达式不需要执行就可以知道整个表达式的结果，所以整个表达式的结果为 0。

（2）按照表达式从左向右的执行过程，先计算表达式"a<b"的值为 1，根据逻辑与的运算规则，并不能得到整个表达式的结果，还需要计算表达式"c>a+1"的值为 0，根据短路原则，运算符"&&"后面的表达式将不被执行，所以整个表达式的结果为 0。

（3）按照表达式从左向右的执行过程，先计算表达式"a+b>=c"的值为 1，根据短路原则，运算符"||"后面的表达式将不被执行，所以整个表达式的结果为 1。

（4）按照表达式从左向右的执行过程，先计算表达式"a>b"的值为 0，根据逻辑或的运算规则，并不能得到整个表达式的结果，还需要计算表达式"c>=a+1"的值为 1，根据短路原则，运算符"||"后面的表达式将不被执行，所以整个表达式的结果为 1。

（三）真题解析

【示例4-5】若有定义语句"int k1=10,k2=20;"，执行表达式"(k1=k1>k2) && (k2=k2>k1)"

后，k1 和 k2 的值分别为（   ）。（二级考试真题 2011.9）

    A．0 和 1   B．0 和 20   C．10 和 1   D．10 和 20

正确答案：B

程序分析：先执行第一个括号中的表达式"k1=k1>k2"，根据运算符的优先顺序，先算关系运算符，然后再算赋值运算符，所以第一个表达式结果为 0，根据逻辑运算符的短路原则，运算符"&&"后面的表达式将不被执行，整个表达式的结果为 0。因此，k1=0，k2=20。

4.3 if 语句

（一）简单 if 语句

1．一般格式

简单 if 语句的一般格式如下：

```
if(条件)
    语句 1
[else
    语句 2]
```

例如：if(x<0)

        y=-x;
     else
        y=x;

又如：if(max<x)

      max=x;

2．注意事项

（1）if 语句中的"条件"必须用小括号括起来。

（2）条件一般是关系表达式或逻辑表达式，也可以是任意合法的 C 语言表达式。

（3）语句 1 和语句 2 是一条语句或一条复合语句，也可以是 if 语句嵌套。

（4）if 语句中的 else 子句可以存在，也可以省略。但是，else 子句必须和 if 配对使用，else 子句是不能单独存在的。

例如：if(x>y)   或   max=x;

       max=x;   if(x<y)

    else   max=y;

       max=y;

（5）在 C 语言程序设计中，经常用逻辑表达式"!x"代替关系表达式"x==0"，用算术表达式"x"代替关系表达式"x!=0"等。

例如：if(!x)   x=x*x;printf("%d\n",x);   或   if(x)   printf("not\n");

3．执行过程

两种形式的 if 语句执行流程分别如图 2-4-3 和图 2-4-4 所示。图 2-4-3 首先判断条件是不是成立，如果条件成立，则执行语句 1，否则执行语句 2，然后向下执行；图 2-4-4 首先判断条件是不是成立，当条件成立时，则执行语句 1，否则直接转向下执行。

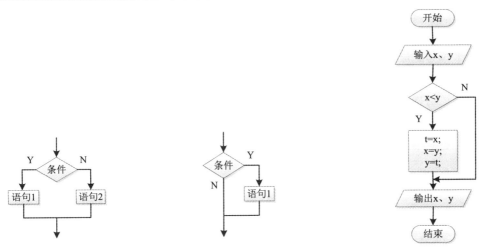

图 2-4-3　if-else 语句执行流程图　图 2-4-4　没有 else 的 if 语句执行流程图　图 2-4-5　例 4.1 传统流程图

4. 课本示例分析

【例 4.1】任意读入两个整数 x、y，编程将较大的数存入 x，较小的数存入 y。

（1）分析问题。参考课本例 4.1 的分析。

（2）画传统流程图。传统流程图如图 2-4-5 所示。

（3）编写程序。程序参考课本例 4.1。

（4）运行程序。Visual C++ 2010 编译输出结果如图 2-4-6 所示。

```
Please input x, y : 6,8
The result is : 8,6
Press any key to continue
```

图 2-4-6　例 4.1 运行结果

【例 4.2】输入一个整数，判别它是否能被 5 整除。若能被 5 整除，输出 Yes；否则，输出 No。

（1）分析问题：先将变量 n 的值从键盘输入，然后判别 n 是否能被 5 整除。若能被 5 整除，输出 Yes，不能被 5 整除，输出 No。

（2）画传统流程图。传统流程图如图 2-4-7 所示。

（3）编写程序。程序参考课本例 4.2。

（4）运行程序。Visual C++ 2010 编译输出结果如图 2-4-8 所示。

```
Please input n:20
n=20  Yes
Press any key to continue
```

图 2-4-7　例 4.2 传统流程图　　图 2-4-8　例 4.2 运行结果

【例4.3】解一元二次方程 $ax^2+bx+c=0$。

（1）分析问题：参考课本例4.3的分析。

（2）画传统流程图。传统流程图如图2-4-9所示。

（3）编写程序。程序参考课本例4.3。

（4）运行程序。Visual C++ 2010编译输出结果如图2-4-10所示。

图2-4-9 例4.3传统流程图

图2-4-10 例4.3运行结果

（二）if语句的嵌套

1. if语句的嵌套格式

在一个if语句的内嵌语句（格式中的语句1或语句2）中又包含另一个if语句，从而构成的程序结构称为if语句的嵌套。if语句的嵌套结构主要用来解决多分支选择的问题。内嵌的if语句既可以嵌套在if子句（语句1）中，也可以嵌套在else子句（语句2）中，因而形成了各种各样的if语句的嵌套形式。

例如：

（1）if子句中内嵌if语句形成的嵌套。

```
if(条件1)
    if(条件2)    语句1
    else         语句2
else
    语句3
```

（2）esle子句中内嵌if语句形成的嵌套。

```
if(条件1)
    语句1
else
```

```
        if(条件 2)   语句 2
        else         语句 3
```

（3）if 子句和 else 子句中同时内嵌 if 语句。

```
    if(条件 1)
        if(条件 2)   语句 1
        else         语句 2
    else
        if(条件 3)   语句 3
        else         语句 4
```

（4）在 if 子句和 else 子句中嵌套不含 else 子句的 if 语句。

```
    if(表达式 1)
    {
        if(表达式 2)
            语句 1
    }
    else
        语句 2
```

2. 课本示例分析

【例 4.4】求一个不多于 5 位数的整数的位数。

（1）分析问题。参考课本例 4.4 的分析。

（2）画传统流程图。传统流程图如图 2-4-11 所示。

（3）编写程序。程序参考课本例 4.4。

（4）运行程序。Visual C++ 2010 编译输出结果如图 2-4-12 所示。

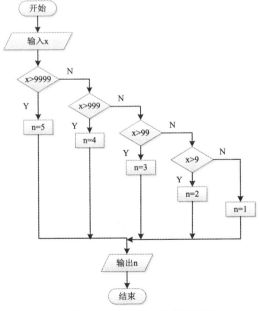

图 2-4-11　例 4.4 传统流程图

图 2-4-12　例 4.4 运行结果

【例 4.5】读入 x，当 x 介于 6 和 10 之间时，在屏幕上显示"有效数值"，否则显示"数值无效"。

（1）分析问题。从键盘上输入 x，判断 x 是否在 6 和 10 之间。如果在 6 和 10 之间，则显示"有效数值"，否则，显示"数值无效"。

（2）画传统流程图。传统流程图如图 2-4-13 所示。

（3）编写程序。程序参考课本例 4.5。

（4）运行程序。Visual C++ 2010 编译输出结果如图 2-4-14 所示。

图 2-4-13　例 4.5 传统流程图　　　　图 2-4-14　例 4.5 运行结果

【例 4.6】输入 x、y 两个整数的值，比较大小并输出结果。

（1）分析问题。从键盘上输入 x、y 的值，比较两者的大小之后，把相应的结果输出。

（2）画传统流程图。传统流程图如图 2-4-15 所示。

（3）编写程序。程序参考课本例 4.6。

（4）运行程序。Visual C++ 2010 编译输出结果如图 2-4-16 所示。

图 2-4-15　例 4.6 传统流程图　　　　图 2-4-16　例 4.6 运行结果

【例 4.7】编写程序，根据输入的学生成绩，给出相应的等级。90 分以上的等级为 A，60 分以下的等级为 E，其余的每 10 分为一个等级。

（1）分析问题。从键盘上输入学生的成绩 g，并对学生的成绩分了 5 个等级，把成绩 g 所属等级输出。

（2）画传统流程图。传统流程图如图 2-4-17 所示。

（3）编写程序。程序参考课本例 4.7。

（4）运行程序。Visual C++ 2010 编译输出结果如图 2-4-18 所示。

图 2-4-17　例 4.7 传统流程图

图 2-4-18　例 4.7 运行结果

3. 真题解析

【示例 4-6】有以下程序，程序运行后的输出结果是（　　）。（二级考试真题 2010.3）

```c
#include <stdio.h>
int main()
{
    int a=1,b=2,c=3,d=0;
    if(a==1)
        if(b!=2)
            if(c==3)    d=1;
            else    d=2;
        else    if(c!=3)    d=3;
            else    d=4;
    else    d=5;
    printf("%d\n",d);
    return 0;
}
```

正确答案：4

程序分析：多个 if 语句的嵌套，当 if 和 else 不成对时，else 子句总是与其前面最近的不带 else 子句的 if 子句相结合。因此该程序可以写成：

```c
if(a==1)
    {
```

```
if(b!=2)
    {
        if(c==3)   d=1;
        else    d=2;
    }
    else
        {
            if(c!=3)    d=3;
            else        d=4;
        }
    }
else    d=5;
```

根据分析可以得出结果为 4。

（三）条件运算

1. 条件运算符

（1）运算符"？"和"："。

条件运算符是由"？"和"："两个符号组成的，要求有三个运算量，是 C 语言中唯一一个三目运算符。

（2）与其他运算符的运算优先级如图 2-4-19 所示。

2. 条件表达式

（1）一般形式：

表达式 1?表达式 2:表达式 3

（2）执行过程：

图 2-4-19　条件运算符与其他运算符的
优先级关系

先计算表达式 1，如果表达式 1 的值为非 0（逻辑"真"），则计算表达式 2，并将它的值作为整个条件表达式的结果；否则计算表达式 3，并将它的值作为整个条件表达式的结果。

3. 使用规则

（1）"？"和"："共同组成了条件运算符，不能分开单独使用。

（2）条件表达式也有嵌套的情况，即条件表达式中又包含了条件表达式，例如"a>b?a:c>d?c:d"，此时应按照条件表达式从右向左的结合顺序进行求值，该表达式等价于"a>b?a:(c>d?c:d)"，应先计算最右边的条件表达式，然后将其结果作为前面条件运算符的表达式 3。

（3）在条件表达式中，3 个表达式的数据类型可以不同，此时表达式的类型取三者中较高的类型。例如，若 a 为 int 型，b 为 float 型，则对于表达式"c>5?a:b"，无论 c 如何取值，表达式的类型都为 float 型。

（4）并不是所有的 if 语句都能用条件表达式取代。通常在满足下面两个条件的情况下才可以：

① 无论条件真或假，执行的都只有一条简单语句。

② 这条语句是给同一个变量赋值的语句。

例如：

```
if(x>y) z=x;
    else   z=y;
```

满足上面两种情况，所以可以用条件表达式"z=(x>y)?x:y"来代替。

4. 真题解析

【示例 4-7】以下程序段中，与语句"k=a>b?(b>c?1:0):0;"功能相同的是（   ）。（二级考试真题 2009.3）

A.　if((a>b)&&(b>c)) k=1;
　　　else k=0;

B.　if((a>b)||(b>c)) k=1;
　　　else k=0;

C.　if(a<=b) k=0;
　　　else if(b<=c) k=1;

D.　if(a>b) k=1;
　　　else if(b>c) k=1;
　　　　　else k=0;

正确答案：A

例题分析：先执行括号里的条件表达式，如果条件为真，则结果为 1，否则结果为 0。然后再执行外面的条件表达式，如果条件为真，则结果为 1，否则为 0。也就是只有当 a>b 和 b>c 这两个条件都为真的时候，结果才为 1，否则结果就为 0。因此转换为 if 语句的条件即为"(a>b)&&(b>c)"。

（四）综合示例

【示例 4-8】编制程序，要求输入整数 a 和 b，若 a^2+b^2 大于 100，则输出 a^2+b^2 百位以上的数字，否则输出两数之和。

（1）分析问题。从键盘上输入两个整数 a、b，然后判断 a^2 和 b^2 之和是否大于 100，如果两者之和大于 100，则输出两者之和的百位数以上的数值，否则，则输出 a 和 b 的和。

（2）画传统流程图。传统流程图如图 2-4-20 所示。

图 2-4-20　示例 4-8 的传统流程图

（3）编写程序。参考程序如下：

```
#include <stdio.h>
int main()
{
    int a,b;
    printf("please input a,b: ");
    scanf("%d,%d",&a,&b);
```

```
if(a*a+b*b>100)
    printf("a*a+b*b 百位以上的数字是:%d\n",(a*a+b*b)/1000);
else
    printf("a+b=%d\n",a+b);
return 0;
}
```

（4）运行程序。Visual C++ 2010 编译输出结果如图 2-4-21 所示。

图 2-4-21　示例 4-8 运行结果

【示例 4-9】输入 3 个整数，按从大到小的顺序输出。

（1）分析问题。从键盘上输入三个整数 a、b、c，然后对 a、b、c 进行比较，如果 a<b，则把 a、b 的值进行交换，否则，再把 a 与 c 进行比较，如果 a<c，则把 a、c 的值进行交换，否则再把 b 与 c 进行比较，如果 b<c，则把 b、c 的值进行交换，否则，就从大到小输出 a、b、c 的值。这个程序中，关键定义一个中间变量 t，用于实现两者之间的交换。

（2）画传统流程图。传统流程图如图 2-4-22 所示。

（3）编写程序。参考程序如下：

```
#include<stdio.h>
int main()
{
    int a,b,c,t;
    scanf("%d%d%d",&a,&b,&c);
    if(a<b){t=a;a=b;b=t;}
    if(a<c){t=a;a=c;c=t;}
    if(b<c){t=b;b=c;c=t;}
    printf("%d,%d,%d\n",a,b,c);
    retutn 0;
}
```

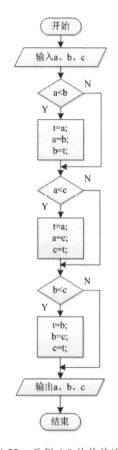

图 2-4-22　示例 4-9 的传统流程图

（4）运行程序。Visual C++ 2010 编译输出结果如图 2-4-23 所示。

图 2-4-23　示例 4-9 运行结果

4.4　switch 语句

1. 语法格式

switch(表达式)

```
{
    case 常量表达式 1:语句 1
    case 常量表达式 2:语句 2
    ……
    case 常量表达式 n:语句 n
    default:语句 n+1
}
```

switch 语句是处理多路分支结构的语句。switch 语句中的表达式可以是整型表达式和字符型表达式。switch 语句中的 case 和常量表达式之间有个空格，并且常量表达式的值在运行前必须是确定的。

2. 执行过程

（1）根据 switch 后面的表达式的值选择对应的 case 语句。

（2）case 后面的常量表达式就是程序的入口标号，程序从此标号开始执行，不再进行标号判断，所以必要时加上 break 语句，以便结束 switch 语句。

3. 课本示例分析

【例 4.10】用 switch 语句编写程序，根据输入的学生成绩，给出相应的等级。90 分以上的等级为 A，60 分以下的等级为 E，每 10 分为一个等级。

（1）分析问题。从键盘上输入学生的成绩 g，并对学生的成绩分了 5 个等级，把成绩 g 所属等级输出。

（2）画传统流程图。传统流程图如图 2-4-24 所示。

（3）参考程序。程序参考课本例 4.10。

（4）程序结果。Visual C++ 2010 编译输出结果如图 2-4-25 所示。

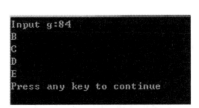

图 2-4-24　例 4.10 传统流程图　　　　图 2-4-25　例 4.10 运行结果

【例 4.11】用 break 语句修改上面的程序。

（1）分析问题。从键盘上输入学生的成绩 g，并对学生的成绩分了 5 个等级，把成绩 g 所属等级输出。

（2）画传统流程图。传统流程图如图 2-4-26 所示。

（3）编写程序。程序参考课本例 4.11。

（4）运行程序。Visual C++ 2010 编译输出结果如图 2-4-27 所示。

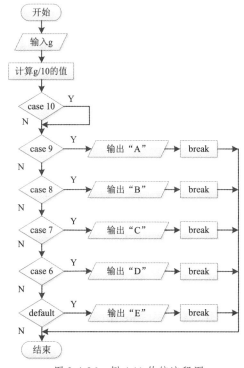

图 2-4-26　例 4.11 传统流程图

图 2-4-27　例 4.11 运行结果

4. 真题解析

【示例 4-10】有以下程序：

```c
#include<stdio.h>
int main()
{
    int s;
    scanf("%d",&s);
    while(s>0)
    {
        switch(s)
        {
            case 1:printf("%d",s+5);
            case 2:printf("%d",s+4);break;
            case 3:printf("%d",s+3);
            default:printf("%d",s+1);break;
```

```
        }
    scanf("%d",&s);
    }
    return 0;
}
```

运行时，若输入 1 2 3 4 5 0<回车>，则输出结果是（　　）。（二级考试真题 2011.3）

    A．65 6 64 5 6　　　B．6 6 6 5 6　　　C．6 6 6 6 6　　　D．66 6 66 5 6

正确答案：A

程序分析：switch 语句执行完一个 case 后面的语句后，流程控制转移到下一个 case 继续执行，遇到 break 语句会跳出本次循环。在本题中输入 1 时会输出 65，输入 2 时会输出 6，输入 3 时会输出 64，输入 4 时会输出 5，输入 5 时会输出 6，输入 0 时，while(s>0)不成立，循环结束。

重点难点分析

    本章重点需要掌握分支结构程序设计当中的 if 语句和 switch 语句。能熟练掌握 if 语句中的两种表达式，即关系表达式和逻辑表达式。难点是 if 语句的嵌套使用和 switch 语句的使用，在使用if 语句的嵌套时要注意 if()与 else 的配对情况，在使用switch 语句时要会构造 switch 后面的表达式。

部分课后习题解析

    1．见课本分支结构程序设计的介绍。

    2．关系运算是比较两个运算量大小关系的"比较运算"，是一种简单的逻辑运算，并且关系运算符的优先级高于赋值运算符，因此优先计算关系运算符。"a>b>c"即先得到"a>b"的逻辑值为"真"，即为 1，然后再判断"1>c"的逻辑值为"假"，即为 0。最后把 0 赋值给变量 f。

    3．C 语言规定，if 和 else 不成对时，else 子句总是与其前面最近的不带 else 子句的 if 子句相结合，与书写格式无关。

    5．switch 是 C 语言中的关键字，switch 语句通常都与 break 语句联合使用。使用时，在 case 之后的语句最后加上 break 语句，这样，每次当执行到 break 语句时，将立即跳出 switch 语句体。default 也是 C 语言中的关键字，在 switch 结构中可以有也可以省略。表示当前面的 case 语句都不满足时所要进行的操作，default 可以出现在语句体中的任何标号位置上。多个 case 语句可以共用一组执行语句。

    6．case 后面的常量表达式仅起语句标号作用，并不进行条件判断。系统一旦找到入口标号，就从此标号开始执行，不再进行标号判断，所以必要时加上 break 语句，以便结束 switch 语句。break 语句只能在 switch 语句和循环语句中使用。

    7．在计算逻辑表达式时，有一条特殊原则，我们称之为短路原则。所谓的短路原则是指在逻辑表达式的求解过程中，并不是所有的表达式都被执行，只是在必须执行下一个逻辑表达式才能求出整个表达式的解时，才执行该表达式。

    8．参考程序：

```
#include<stdio.h>
int main()
```

```
{
    int x;
    scanf("%d",&x);
    if(x%2==0)
        printf("%d\n",x/2);
    else
        printf("%d\n",x*2);
    return 0;
}
```

11. 参考程序：

```
#include<stdio.h>
#include<math.h>
int main()
{
    float x;
    printf("please input x:");
    scanf("%f",&x);
    if(x>=1&&x<2)
        printf("%f\n",x+3);
    if(x>=2&&x<3)
        printf("%f\n",2*(sin(x))-1);
    if(x>=3&&x<5)
        printf("%f\n",5*(cos(x))-3);
    return 0;
}
```

12. 参考程序：

```
#include<stdio.h>
int main()
{
    int f;
    printf("Input f:");
    scanf("%d",&f);
    switch(f/10)
    {
        case 10:
        case 9: printf("优秀\n");break;
        case 8: printf("良好\n");break;
        case 7: printf("中等\n");break;
        case 6: printf("及格\n");break;
        default: printf("补考\n");
```

```
    }
    return 0;
}
```

练习题

一、填空题

1. 若有说明语句"int x=1,y=0;"，则表达式"x>(y+x)?10:12.5>y++?2:3"的值为_____；表达式"!(3<6)||(4<9)"的值为_____。

2. 为了避免 if 嵌套条件语句的二义性，C 语言规定_____与其前面最近的未匹配的_____语句配对。

3. 在 C 语言中，逻辑"假"值用_____表示，逻辑"真"值用_____表示。

4. 已知"char c=48;int i=1,j=10;"，执行语句"j=!(c>j)&&i++;"后，i 和 j 的值分别是_____和_____。

5. 在所有的运算符中，优先级别最低的是_____，其次是_____。

6. 在程序设计过程中，我们使用_____或者_____来实现多分支结构。

二、选择题

1. 若要求在 if 后表示条件"a 不等于 0 成立"，则能正确表示这一关系的表达式为（　　）。

   A．a<>0　　　　　B．!a　　　　　C．a=0　　　　　D．a

2. 以下不正确的 if 语句是（　　）。

   A．if(x>y) printf("%d\n",x);

   B．if (x=y)&&(x!=0) x+=y;

   C．if(x!=y) scanf("%d",&x);else scanf("%d",&y);

   D．if(x<y) {x++;y++;}

3. 能正确表示 a≥10 或 a≤0 的关系表达式是（　　）。

   A．a>=10 or a<=0　　　　　　B．a>=10 | a<=0

   C．a>=10 && a<=0　　　　　　D．a>=10 || a<=0

4. 以下的 if 语句中，x 的值一定会被重新赋值的是（　　）。

   A．if(x==y) x+=y;　　　　　　B．if(x>y && x!=y)

   　　　　　　　　　　　　　　　　　　x+=y;

   C．if(x!=y)　　　　　　　　　　D．if(x<y)

   　　　scanf("%d",&x);　　　　　　{x++;y++;}

   　　else

   　　　scanf("%d",&y);

5. 对于整型变量 x，下述 if 语句中，与赋值语句"x=x%2==0?1:0;"不等价的是（　　）。

   A．if(x%2!=0) x=0; else x=1;　　　B．if(x%2) x=1; else x=0;

   C．if(x%2==0) x=1; else x=0;　　　D．if(x%2==1) x=0; else x=1;

6. 以下程序的运行结果是（　　）。

```
    int main()
    {
        int n='e';
        switch(n--)
```

```
        {
            default: printf("error");
            case 'a':
            case 'b': printf("good"); break;
            case 'c': printf("pass");
            case 'd': printf("warn");
        }
        return 0;
    }
```

A．error   B．good   C．error good   D．warn

7．若有定义"int a=1,b=2,c=3;"，则执行以下程序段后 a、b、c 的值分别为（   ）。

```
    if(a<b)
    {c=a;a=b;b=c;}
```

A．a=1,b=2,c=3   B．a=2,b=3,c=1

C．a=2,b=3,c=3   D．a=2,b=1,c=1

8．若有定义"int x=1,y=2,z=4;"，则以下程序段运行后 z 的值为（   ）。

```
    if(x>y) z=x+y;
    else z=x-y;
```

A．3   B．–1   C．4   D．不确定

9．下列运算符运算级别最高的是（   ）。

A．&&   B．+=   C．>=   D．!

10．逻辑运算符两侧运算对象的数据（   ）。

A．只能是 0 或 1   B．只能是 0 或非 0 正数

C．只能是整型或字符型数据   D．可以是任何类型的数据

三、改错题（每题错误 5 处，要求列出错误所在的程序行号并修改）

1．编程计算下面分段函数，输入 x，输出 y。

$$y = \begin{cases} x-1, & x < 0 \\ 2x-1, & 0 \le x \le 10 \\ 3x-11, & x > 10 \end{cases}$$

（1）   #include <stdio.h>

（2）   int main()

（3）   { int x,y;

（4）   printf("\n Input x:\n");

（5）   scanf("%d", x);

（6）   if(x<0)

（7）   y=x-1;

（8）   else if(x>=0||x<=10)

（9）   y=2x-1;

（10）   else

（11）   y=3x-1;

（12）　　　 printf("y=%d",&y);

（13）　　　 return 0;

（14）　　 }

2. 从键盘输入三角形的三边长,求其面积,若三个边长不能构成三角形,则提示出错。如输入 6　9　11,

输出 26.98。

（1）　　 #include <stdio.h>

（2）　　 #include <math.h>

（3）　　 int main

（4）　　 {

（5）　　　 float a,b,c,s,area;

（6）　　　 printf("Please input 3 numbers:\n");

（7）　　　 scanf("%f%f%f",a, b, c);

（8）　　　 if(a+b>c || b+c>a || a+c>b);

（9）　　　 {

（10）　　　 s=(a+b+c)/2;

（11）　　　 area=sqrt(s*(s-a)*(s-b)*(s-c));

（12）　　　 printf("area is %.2f\n",&area);

（13）　　　 }

（14）　　　 else

（15）　　　 printf("error.\n");

（16）　　　 return 0;

（17）　　 }

四、读程序写结果

1. 程序运行后的输出结果是_____。

```c
#include <stdio.h>
int main()
{
 int a=12,b=-34,c=56,min=0;
 min=a;
 if(min>b)
     min=b;
 if(min>c)
     min=c;
 printf("min=%d", min);
 return 0;
}
```

2. 此程序的 y 值为_____。

```c
#include <stdio.h>
int main()
{
```

113

```c
    int x=10,y;
    if(x<20)
        y=100;
    if(x>4)
        y=55/x;
    else
        y=10;
    printf("%d",y);
    return 0;
}
```

3. 程序运行后的输出结果是_____。

```c
#include <stdio.h>
int main()
{
    int a=15,b=21,m=0;
    switch(a%3)
    {
        case 0:m++;break;
        case 1:m++;
        switch(b%2)
        {
            default:m++;
            case 0:m++;break;
        }
    }
    printf("%d\n",m);
    return 0;
}
```

4. 如果程序可以正常运行，则从键盘输入字符 A 时，输出的结果为_____。

```c
#include <stdio.h>
int main()
{
    char ch;
    ch=getchar();
    switch (ch)
    {
        case 65: printf("%c",'A');
        case 66: printf("%c",'B');
        default: printf("%s","other");
    }
```

```
    return 0;
  }
```

5. 如果运行时输入字符'Q'，则以下程序的运行结果是_____。

```c
#include <stdio.h>
int main()
{
    char ch;
    scanf("%c",&ch);
    ch=(ch>='A'&&ch<='Z')?(ch+32):ch;
    ch=(ch>='a'&&ch<='z')?(ch-32):ch;
    printf("%c",ch);
    return 0;
}
```

五、编程序

1. 试编程判断输入的正整数是否既是 5 又是 7 的整数倍，若是输出 yes，否则输出 no。

2. 输入 3 个整数，按从大到小的顺序输出。

第5章 循环结构程序设计

知识框架图

知识框架图如图 2-5-1 所示。

图 2-5-1 知识框架图

知识点介绍

5.1 while 循环

（一）while 语句

1. 当型循环定义

所谓"当型循环"，是指当循环条件成立时就执行一次循环体的程序结构，这种循环结构可以用 while 语句来实现。

2. while 语句的一般格式

    while(条件)
        语句

3. 执行流程

while 语句的执行流程如图 2-5-2 所示。

图 2-5-2 while 语句流程图

4. 示例

```
n=1;s=0;
while(n<=100)
{
    s=s+n;
```

```
        n=n+1;
    }
```

上述代码的执行过程如下：n 的初值为 1，s 的初值为 0，当 n<=100 时，执行语句"s=s+n;"和"n=n+1;"两个循环体语句，然后跳转到 while 条件表达式，再判断 n<=100 是否依然成立，如果成立则再次执行循环体语句，然后再跳转进行判断，如此循环，当 n<=100 不成立时，循环结束。

5. 说明

（1）while 语句中的"条件"一般是关系表达式或逻辑表达式，也可以是一般表达式。表达式的值非 0 为"真"，表示条件成立；0 为"假"，表示条件不成立。

（2）while 语句中的"语句"就是多次重复执行的循环体，它可以是一个 C 语句，也可以是一个复合语句，特殊情况下也可以是一个空语句。此处注意：如果不用复合语句（即用{循环体}的形式），那么，循环体只到第一个分号处。

例如：while(n<=100)

　　　　s=s+n;

　　　　n=n+1;

此处，while 语句的循环体只有"s=s+n;"这一个语句。

再比如：while(n<=100);

此时，while 语句的循环体为空语句。

（二）真题解析

【示例 5-1】有以下程序：

```
#include <stdio.h>
int main()
{
int n=2,k=0;
while(k++&&n++>2);
printf("%d %d\n",k,n);
return 0;
}
```

程序运行后的输出结果是（　　）。（二级考试真题 2009.9）

A. 0,2　　　B. 1,3　　　C. 5,7　　　D. 1,2

正确答案：D

程序分析：程序中，while 循环的循环体为空，n 和 k 的初值分别为 2 和 0，while 中的条件"k++&&n++>2"，其中，k++是先用后加，即先用 k 的值 0 进行&&运算，根据短路原则，可以判断出整个表达式的值为"假"，后面的"n++>2"不再执行，此时，k 值为 1，n 值保持不变依然是 2。

5.2 do-while 循环

（一）do-while 语句

1. 一般格式

```
do
{
    语句
}while(条件);
```

图 2-5-3　do-while 语句流程图

2. 执行流程

do-while 语句的执行流程如图 2-5-3 所示。

3. 示例

例如：i=1;s=1;

```
do
{
    s=s*i;
    i=i+1;
}while(i<=100);
```

上述代码的执行过程如下：i 的初值为 1，s 的初值为 1，先执行"s=s*i;"和"i=i+1;"两个循环体语句，然后判断 i<=100 是否成立，如果成立则再次执行循环体语句，然后再进行判断，如此循环，当 i<=100 不成立时，循环结束。

4. 说明

（1）do 是 C 语言的关键字，在此结构中必须和 while 联合使用。

（2）do-while 结构的循环由 do 关键字开始，用 while 关键字结束；在 while 结束后必须有分号，它表示该语句的结束。其他语句成分与 while 语句相同。

（二）真题解析

【示例 5-2】以下程序运行后的输出结果是（　　）。（二级考试真题 2009.9）

```
#include <stdio.h>
int main()
{
    int a=1,b=7;
    do{
        b=b/2;
    a+=b;
    } while (b>1);
        printf("%d\n",a);
    return 0;
}
```

正确答案：5

程序分析：先执行循环体"b=b/2;a+=b;"后，b 的值变为 3，a 的值变为 4，然后判断"b>1"

为"真"，继续执行循环体"b=b/2;a+=b;"，b 的值变为 1，a 的值变为 5，再判断"b>1"，此时为"假"，循环结束，所以最终 a 的值是 5。

5.3　for 循环

（一）for 语句

1．一般格式

for 语句是使用最为灵活的循环语句，可以实现循环次数明确的循环结构，也可以实现 while 和 do-while 语句实现的循环。

for 语句的一般格式：

　　for(表达式 1;表达式 2;表达式 3)

　　　　语句

2．执行流程

for 语句的执行流程如图 2-5-4 所示。

图 2-5-4　for 语句执行流程图

3．示例

例如：for(i=1,s=0;i<=100;i++)

　　　　　s=s+i;

上述代码的执行过程如下：先执行表达式 1，让 i 的初值为 1，s 的初值为 0，然后判断表达式 2"i<=100"是否成立，如果成立，执行循环体语句"s=s+i;"，然后执行表达式 3"i++"，跳转回表达式 2 再判断 i<=100 是否成立，如果成立则再次执行循环体语句和表达式 3，然后再跳转到表达式 2 进行判断，如此循环，当 i<=100 不成立时，循环结束。

4．说明

（1）for 是 C 语言中的关键字，三个表达式之间必须用分号";"隔开。

（2）三个表达式可以是任意形式的、合法的 C 语言表达式，其中"表达式 1"常用于循环变量初始化；"表达式 2"是循环的条件；"表达式 3"常用于循环变量的调整。

（3）"语句"就是循环体，可以是一条语句或一条复合语句，也可以是空语句，与 while、do-while 循环语句相同。如：

for(i=1;i<=100;i++);

这种情况下，三个表达式正常执行，只是循环体什么也不做，当 i 加到 100 时，循环自动终止。这种循环通常是为了实现一个时间延迟。

（4）for 语句中的三个表达式可以部分或全部省略，但是表达式后面的分号不可省略。

（二）真题解析

【示例 5-3】有以下程序：

```
#include <stdio.h>
int main()
{
    int a=1,b=2;
    for(;a<8;a++)
    {
        b+=a;
```

```
        a+=2;
    }
    printf("%d,%d\n",a,b);
    return 0;
}
```

程序运行后的输出结果是（　　）。（二级考试真题 2010.3）

　　A．9,18　　　　B．8,11　　　　C．7,11　　　　D．10,14

正确答案：D

程序分析：a 初值为 1，b 初值为 2，此时 a<8 成立，执行"b+=a;a+=2;"，b 值变为 3，a 值变为 3，然后执行 a++，a 变为 4，再回去执行表达式 2，a<8 依然成立，继续执行循环体"b+=a;a+=2;"，b 变为 7，a 变为 6，再执行 a++，a 变为 7，此时判断 a<8 依然成立，继续执行循环体"b+=a;a+=2;"，b 变为 14，a 变为 9，再执行表达式 3"a++"，a 变为 10，此时 a<8 不成立，循环结束，所以最后 a 的值为 10，b 的值为 14。

【示例 5-4】若有定义"int k;"，以下程序段的输出结果是（　　）。（二级考试真题 2008.4）

　for(k=2;k<6;k++,k++)　printf("##%d",k);

正确答案：##2##4

程序分析：先执行表达式 1"k=2"，然后判断"k<6"为真，执行循环体"printf("##%d",k);"，输出"##2"，然后执行表达式 3"k++,k++"，k 值变为 4，再判断"k<6"依然为真，继续执行循环体，此时屏幕输出变为"##2##4"，然后执行表达式 3"k++,k++"，k 值变为 6，再判断"k<6"为假，循环结束，所以最终的输出结果为"##2##4"。

5.4　break 和 continue 语句

（一）break 语句

1．break 语句的一般格式

　　break;

2．break 语句的功能

break 语句在 C 语言中的功能主要有两个：一是用在 switch 语句中，用于中止 switch 语句的执行；二是用在循环体中，强制中止循环的执行，跳出循环。

3．真题解析

【示例 5-5】有以下程序：

```
#include <stdio.h>
int main()
{
    int i=5;
    do
    {
        if(i%3==1)
            if(i%5==2)
            {
```

```
        printf("*%d",i);
        break;
      }
      i++;
    } while(i!=0);
    printf("\n");
    return 0;
}
```

程序的运行结果是（　　）。（二级考试真题 2008.9）

A．*7 　　　B．*3*5 　　　C．*5 　　　D．*2*6

正确答案：A

程序解析：i 初值为 5，进入 do-while 循环，先判断第一个 if 条件"i%3==1"不成立，所以后面的 if 以及大括号里的语句都不执行，直接执行"i++"，i 变为 6，然后判断 while 条件"i!=0"成立；第二次进入 do-while 循环，先判断第一个 if 条件"i%3==1"不成立，所以后面的 if 以及大括号里的语句都不执行，直接执行"i++"，i 变为 7，然后判断 while 条件"i!=0"成立；第三次进入 do-while 循环，先判断第一个 if 条件"i%3==1"成立，再判断第二个 if 条件"i%5==2"也成立，执行大括号里的语句"printf("*%d", i);"，输出*7，然后执行 break 语句，跳出 do-while 循环，循环结束。输出换行符后程序执行结束，所以运行结果是*7。

（二）continue 语句

1．continue 语句的一般格式

```
continue;
```

2．continue 语句的功能

continue 语句的功能是结束本次循环，即跳过循环体中下面尚未执行的语句，转而执行下一次循环，而不是终止整个循环（注意与 break 区分）。

3．真题解析

【示例 5-6】有以下程序：

```
#include <stdio.h>
int main()
{
  int x=8;
  for(  ;x>0; x--)
  {
    if(x%3)              /*等价于 if(x%3!=0)*/
    {
      printf("%d,",x--);
      continue;
    }
    printf("%d,",--x);
  }
```

```
    return 0;
}
```

程序的运行结果是（　　）。（二级考试真题 2008.4）

    A．7,4,2   B．8,7,5,2   C．9,7,6,4   D．8,5,4,2

正确答案：D

程序分析：x 初值为 8，执行 for 循环，此处表达式 1 省略，判断表达式 2 "x>0" 为真，进入循环体，先执行 if 语句，if 条件 "x%3" 值为 2，非 0 即为真，所以执行输出函数，输出 x 的值 8，并且 x 自减，x 值变为 7；继续执行 continue 语句，跳过循环体中下面的 printf 函数，执行 for 循环的表达式 3 "x--"，x 值变为 6，判断表达式 2 "x>0" 依然为真，再次进入循环体执行 if 语句，此时的 if 条件 "x%3" 的值为 0，即为假，if 后面大括号里的语句不执行，直接执行后面的 "printf("%d,",--x);"，x 先自减再输出，输出 5；第二次循环结束，执行表达式 3 "x--"，x 值变为 4，判断表达式 2 "x>0" 为真，进入循环体，先执行 if 语句，if 条件 "x%3" 的值为 1，非 0 即为真，所以执行输出函数，输出 x 的值 4，并且 x 自减，x 值变为 3；第三次循环结束，执行表达式 3 "x--"，x 值变为 2，判断表达式 2 "x>0" 为真，进入循环体，先执行 if 语句，if 条件 "x%3" 的值为 2，非 0 即为真，所以执行输出函数，输出 x 的值 2，并且 x 自减，x 值变为 1；第四次循环结束，执行表达式 3 "x--"，x 值变为 0，判断表达式 2 "x>0" 为假，循环结束。所以最终输出的值是 8,5,4,2。

（三）break 与 continue 的差别

break：是打破的意思（破了整个循环），所以看见 break 就退出这一层循环。

continue：是继续的意思，是要结束本次循环，就是循环体内剩下的语句不再执行，跳到循环开始，然后判断循环条件，进行新一轮的循环。

5.5　三种循环小结

（一）注意事项

（1）while()、do-while()、for() 三种结构的格式及执行流程要熟记。

（2）for 循环当中必须是两个分号，千万不要忘记。

（3）写程序的时候一定要注意，循环一定要有结束的条件，否则成了死循环。

（4）do-while() 循环的最后一个 "while();" 的分号一定不能够丢（当心改错题）。

（5）do-while 循环是至少执行一次循环。

（二）三种循环的异同点

这三种循环都可以用来处理同一个问题，一般可以互相代替，只是有时会涉及使用哪一种更方便的问题。通常如果事先不确定需要重复运行多少次，那么使用 while 和 do-while 循环较为方便；反之，用 for 循环更为灵活，功能也更强大。

循环体的执行：while 语句和 for 语句都是先判断表达式后执行循环体的结构，循环体可能一次也不执行；而 do-while 语句则是先执行后判断的结构，循环体至少被执行一次。

用 while 和 do-while 循环时，循环变量初始化的操作应在 while 和 do-while 语句之前完成，而 for 语句可以在表达式 1 中实现循环变量的初始化。

while 和 do-while 循环结构，循环结束条件都放在 while 后面，循环体中应包括使循环趋于结束的语句；在 for 循环结构中，用表达式 2 来判断循环是否结束，而使循环结束的操作语句主要放在表达式 3 的位置上。

在这三种循环结构中都可以用 break 语句终止循环，用 continue 语句结束本次循环。

5.6 循环的嵌套

（一）什么是循环的嵌套

1. 循环嵌套的定义

循环体中又包含有循环语句，这种结构称为循环嵌套，即多重循环。while、do-while 和 for 这三种循环语句既可以自身嵌套，也可以互相嵌套。嵌套可能是两层，也可能是多层。相对来讲，在循环体中嵌套的称为内层循环，外部的称为外层循环。

循环的嵌套情况比较复杂，要一层一层一步一步耐心地计算，一般只考查两层嵌套，循环嵌套通常用来处理二维数组。

2. 示例

【示例 5-9】以下程序中的变量已正确定义：

```
for(i=0;i<4;i++,i++ )
for(k=1;k<3;k++);
printf("*");
```

程序段的输出结果是（　　）。（二级考试真题 2009.3）

    A. ********　　　　　B. ****　　　　　C. **　　　　D. *

正确答案：D

程序分析：注意第二个 for 语句后面有分号"；"，所以循环体为空语句，因此程序只执行后面的 "printf("*");"，只输出一个 "*"。

（二）拔高程序

【示例 5-10】有 1、2、3、4 四个数字，能组成多少个互不相同且无重复数字的三位数？都是多少？

解析：用三重循环嵌套实现。根据题意，最外层循环变量设为 i，表示百位数，取值从 1 到 4；中间层循环变量设为 j，表示十位数，取值从 1 到 4；最内层循环变量为 k，表示个位数，取值也是从 1 到 4，这样用三重循环组成三位数输出，并通过 "if(i!=k&&i!=j&&j!=k)" 条件判断语句，确保满足 i、j、k 三位互不相同的要求。

参考程序：

```c
#include <stdio.h>
int main()
{
    int i,j,k;
    printf("\n");
    for(i=1;i<5;i++)            /*以下为三重循环*/
        for(j=1;j<5;j++)
            for (k=1;k<5;k++)
            {
                if (i!=k&&i!=j&&j!=k)          /*确保 i、j、k 三位互不相同*/
```

```
        printf("%d,%d,%d\n",i,j,k);
        }
    return 0;
    }
```

【示例5-11】译密码问题：为使电文保密，往往按一定规律将其转换成密码，收报人再按约定的规律将其译回原文。如果是字母，在A（或a）至V（或v）之间，则将其改变为其后第4个字母；在W（或w）至Z（或z）之间，则改变为A（或a）至D（或d）。非字母字符则保持原状不变。现输入一行字符，要求输出其相应的密码。

解析：问题的关键有两个。

（1）决定哪些字符不需要改变，哪些字符需要改变，如果需要改变，应改为哪个字符？

处理的方法是：输入一个字符给字符变量c，先判定它是否是字母（包括大小写），若不是字母，不改变c的值；若是字母，则还要检查它是否在W到Z的范围内（包括大小写字母）。如不在此范围内，则使变量c的值改变为其后第4个字母。如果在W到Z的范围内，则应将它转换为A~D（或a~d）之一的字母。

（2）怎样使c改变为所指定的字母？

办法是：改变它的ASCII值。例如，字符变量c的原值是大写字母A，想使c的值改变为E，只需执行"c=c+4"即可，因为A的ASCII值为65，而E的ASCII值为69，二者相差4。

参考程序：

```c
#include <stdio.h>
int main()
{
    char c;
    c=getchar();
    while(c!='\n')
    {
    if((c>='a'&&c<='z')||(c>='A'&&c<='Z'))
        {
            if(c>='W'&&c<='Z'||c>='w'&&c<='z')
                c=c-22;
            else    c=c+4;
        }
    printf("%c",c);
    c=getchar();
    }
    return 0;
}
```

可改进程序：

```c
#include <stdio.h>
int main()
```

```
{
    char c;
    while((c=getchar())!='\n')
    {
        if((c>='A'&&c<='Z')||(c>='a'&&c<='z'))
        {
            c=c+4;
            if(c>='Z'&&c<='Z'+4||c>'z')
                c=c-26;
        }
        printf("%c",c);
        return 0;
    }
}
```

重点难点分析

本章主要介绍了循环结构，重点需要掌握三种循环结构：while 循环、do-while 循环和 for 循环；break 和 continue 语句的使用，以及用循环的嵌套来解决问题。难点是循环的嵌套，需要掌握循环嵌套的执行流程，以及在多重循环中出现 break 和 continue 时如何进行处理。

部分课后习题解析

1. break、continue
2. do-while()、switch()
3. B
4. D
5. B

【提示】"%"为求余运算符，除法运算符"/"参与运算的量为整型时，结果为整型，舍弃小数部分，所以本题是通过循环实现键盘输入的数据倒序输出。

6. □□1□-2（□表示空格）

【提示】第一次执行"printf("%3d",a-=2);"时，a-=2 即 a=a-2=3-2=1，此时--a 的值为0，所以 while(!(--a))。即 while(!0)，条件表达式为"真"，再次执行循环体语句"printf("%3d",a-=2)"，此时 a=a-2=0-2=-2，--a 的值为-3，while(!(--a))即 while(!(-3))，条件表达式为非"真"（C 语言中逻辑量非 0 为"真"），即"假"，循环结束。

7. 15

【提示】本题是利用循环求 1 到 5 的累加和。

8. 5，4，6

【提示】本题执行"for(;a>b;++b) i++;"时，第一次判断 a>b 时为判断 10>5，以后 b 值每循环一次加 1，所以 i++共执行了 5 次，故 i 的值为 5；执行"while(a>++c) j++;"时，第一次判断 a>++c 时为判断 10>6，以后 c 值每循环一次加 1，所以 j++共执行了 4 次，故 j 的值为 4；执行"do k++; while(a>d++);"时，先执行

k++，再判断条件，所以 k++共执行了 6 次，故 k 的值为 6。

9. -1

【提示】本题中"while(m--);"表示循环体为空语句，m--表示先由 m 的值得到条件表达式的值，再减 1，改变 m 变量的值。

10. 52

【提示】本题循环体语句执行了 8 次，结果分别为 b=10,a=9；b=19,a=8；b=27,a=7；b=34,a=6；b=40,a=5；b=45,a=4；b=49,a=3；b=52,a=2，最后输出 b 值为 52。

11.【提示】设变量 s 表示阶乘和，g 表示 n!，n 取值从 1、2、3、…、10，初值 s=0、g=1、n=1，重复计算 g=g*n、s=s+g、n=n+1，直到 n 超过 10。

参考程序一：

```c
#include <stdio.h>
int main()
{
    int n;
    double g,s;
    for(n=1,s=0,g=1;n<=10;n++)
    {
        g=g*n;
        s=s+g;
    }
    printf("1!+2!+…+10!=%10.0f\n",s);
    return 0;
}
```

参考程序二：

```c
#include <stdio.h>
int main()
{
    int n,i;
    double g,s;
    for(n=1,s=0;n<=10;n++)
    {
        for(i=1,g=1;i<=n;i++)
            g=g*i;
        s=s+g;
    }
    printf("1!+2!+…+10!=%10.0f\n",s);
    return 0;
}
```

12.【提示】这是个求累加和的问题。方法一：可设变量 s 存放累加和，初值 s=0；n 存放递增的数值，本题取值为 1、3、5、…，每次递增 2，即 n=n+2；变量 p 表示符号，初值 p=1，表示正号，以后正号和负号交替出现，即 p=−p。方法二：设三个累加和变量 s1、s2 和 s，s1=1+5+…+101，s2=3+7+…+99，s=s1−s2。

参考程序一：

```c
#include <stdio.h>
int main()
{
    int n=1,p=1,s=0;
    while(n<=101)
    {
        s=s+p*n;
        p=−p;
        n=n+2;
    }
    printf("1−3+5−7+…−99+101=%d\n",s);
    return 0;
}
```

参考程序二：

```c
#include <stdio.h>
int main()
{
    int n=1,s1=0,s2=0;
    while(n<=101)
    {
        s1=s1+n;
        n=n+4;
    }
    n=3;
    while(n<=99)
    {
        s2=s2+n;
        n=n+4;
    }
    printf("1−3+5−7+…−99+101=%d\n",s1−s2);
    return 0;
}
```

13. 【提示】用辗转相除法求最大公约数，算法描述：x 对 y 求余为 r，若 r 不等于 0，则 x=y、y=r，继续求余，否则 y 为最大公约数；最小公倍数=两个数的积/最大公约数。

参考程序一：

```c
#include <stdio.h>
int main()
{
```

```
    int x,y,t,r;
    printf("input x,y:");
    scanf("%d%d",&x,&y);
    if(x<y)
        {t=x;x=y;y=t;}
    t=x*y;
    r=x%y;
    while(r!=0)
    {
        x=y;
        y=r;
        r=x%y;
    }
    printf("最大公约数:%d,最小公倍数:%d\n",y,t/y);
    return 0;
}
```

参考程序二:

```
#include <stdio.h>
int main()
{
    int x,y,t;
    printf("input x,y:");
    scanf("%d%d",&x,&y);
    t=(x<y?x:y);
    while(!(x%t==0&&y%t==0))
        t--;
    printf("最大公约数:%d,最小公倍数:%d\n",t,x*y/t);
    return 0;
}
```

14. 【提示】本题是循环嵌套的应用问题。可设一个外循环控制输出的行数,而每一行的字符是由空格和"#"号组成,可在内循环中再设两个循环,分别控制空格数和"#"号数的输出。

参考程序:

```
#include <stdio.h>
int main()
{
    int i,j;
    for(i=1;i<=5;i++)
    {
        for(j=1;j<=5-i;j++)
            printf(" ");
```

```
        for(j=1;j<=5;j++)
            printf("#");
        printf("\n");
    }
    return 0;
}
```

15.【提示】本题通过循环嵌套实现。外循环控制行数，每行由内循环控制输出本行的乘法口诀中相应的乘积。

参考程序：

```
#include <stdio.h>
int main()
{
    int i,j;
    for(i=1;i<=9;i++)
            printf("%3d",i);
    printf("\n");
    printf("-------------------------\n");
    for(i=1;i<=9;i++)
    {
        for(j=1;j<=i;j++)
                printf("%3d",i*j);
        printf("\n");
    }
    return 0;
}
```

16.【提示】设变量 max 存放较大的数，初值为 0，用循环语句输入变量 x 的值，与 max 比较，较大的值作为新的 max 值，直到输入-1 为止。

```
#include <stdio.h>
int main()
{
    int x,max=0;
    do
    {
        scanf("%d",&x);
        if(x>max)
            max=x;
    }while(x!=-1);
    if(max==0)
        printf("输入无效");
    else
```

```
        printf("max=%d\n",max);
    return 0;
}
```

17.【提示】可用两层循环实现，外循环 i 控制学生人数，内循环 j 控制课程分数。

参考程序：

```
#include <stdio.h>
int main()
{
    int i,j;
    double x,s;
    for(i=1;i<=6;i++)
    {
        for(s=0,j=1;j<=5;j++)
        {
            printf("请输入第%d 个同学第%d 个分数:",i,j);
                scanf("%lf",&x);
            s=s+x;
        }
        printf("第%d 个同学平均分数是:%.2f\n",i,s/5);
    }
    return 0;
}
```

18.【提示】求 π 近似值的方法很多，本题是一种。本算式的特点：每项的分子都是 1；后一项的分母是前一项的分母加 2；第 1 项的符号为正，从第 2 项起，每一项的符号与前一项的符号相反。设 pi 存放累加和，n 存放递增的分母数值，sign 存放符号，term 存放变化的分数，当 term 的绝对值小于 10^{-4} 时结束。

参考程序一：

```
#include <stdio.h>
#include <math.h>
int main()
{
    int sign=1;
    double pi=0,n=1,term=1;
    while(fabs(term)>=1e-4)
    {
        pi=pi+term;
        n=n+2;
        sign=-sign;
        term=sign/n;
    }
    pi=pi*4;
```

```
        printf("pi=%10.8f\n",pi);
        return 0;
}
```

参考程序二：

```
#include <stdio.h>
#include <math.h>
int main()
{
        int sign=1,n=1;
        double s=0,term=1;
        while(fabs(term)>=0.0004)
        {
                s=s+term;
                n=n+2;
                sign=-sign;
                term=p*1.0/n;
        }
        printf("pi=%10.8f\n",s*4);
        return 0;
}
```

练习题

一、填空题

1. 常用的循环语句有_____、do-while 语句和_____。

2. 循环语句"for(x=0,y=0;(y!=123)&&(x<4);x++)"执行的循环次数是_____次，执行后 x=_____。

3. while 循环的特点是先_____，再_____。

4. for 语句可以代替_____语句，它的一般形式是_____。

二、选择题

1. 以下程序段运行后，循环体运行的次数为（   ）。

```
int i=10,x;
for(;i<10;i++)    x=x+i;
```

   A. 10　　　　　　B. 0　　　　　C. 1　　　　　D. 无限

2. 以下程序段运行后变量 n 的值为（   ）。

```
int i=1,n=1;
for(;i<3;i++)
{continue;n=n+i;}
```

   A. 4　　　　　　B. 3　　　　　C. 2　　　　　D. 1

3. 以下程序的运行结果是（   ）。

```
int main()
```

```
{
    int sum=0,item=0;
    while(item<5)
    {
     item++;
     sum+=item;
     if(sum>=6)
     break;
    }
    printf("%d\n",sum);
    return 0;
}
```

　　A. 10　　　　　　B. 15　　　　C. 6　　　　D. 7

4. 以下程序的运行结果是（　　）。

```
int main()
{
    int sum=0, item=0;
    while(item<5)
    {
     item++;
     if(item==2)
     continue;
     sum+=item;
    }
    printf("%d\n",sum);
    return 0;
}
```

　　A. 10　　　　　　B. 13　　　　C. 15　　　　D. 1

5. 与语句 while(!x)等价的语句是（　　）。

　　A. while(x==0)　　　　　　　　B. while(x!=0)

　　C. while(x!=1)　　　　　　　　D. while(~x)

6. 设有程序段：

int k=10;

while(k=0) k=k-1;

则下面描述中正确的是（　　）。

　　A. while 循环执行 10 次　　　B. 循环是无限循环

　　C. 循环体语句一次也不执行　　D. 循环体语句执行一次

7. 若 int i,x;，则"for(i=x=0;i<9&&x!=5;i++,x++)"控制的循环体 x 将执行（　　）次。

　　A. 10　　　　　　B. 9　　　　C. 5　　　　D. 6

8. 以下循环体的执行次数是（　　）。

```
int main()
{ int i,j;
 for(i=0,j=1; i<=j+1; i+=2, j--)    printf("%d\n",i);
 return 0;}
```

  A. 3   B. 2   C. 1   D. 0

9. C 语言中 while 和 do- while 循环的主要区别是（ ）。

  A. do-while 的循环至少无条件执行一次

  B. while 循环控制条件比 do-while 的循环控制条件严格

  C. do-while 允许从外部转入到循环体内

  D. do-while 的循环体不能是复合语句

三、判断题

1.【 】for(;;)语句相当于 while(0)。

2.【 】在 do-while 循环中，任何情况下都不能省略 while。

3.【 】对于 for(表达式 1;表达式 2;表达式 3)语句来说，continue 语句意味着转去执行表达式 2。

4.【 】若有说明 int c;，则 "while(c=getchar());" 是正确的 C 语句。

5.【 】for(表达式 1;;表达式 3)可理解为 for(表达式 1;1;表达式 3)。

6.【 】do-while 语句的循环体至少执行 1 次，while 和 for 循环的循环体可能一次也执行不到。

7.【 】只能在循环体内或者 switch 语句中使用 break。

8.【 】只有整型变量才可以进行自加、自减运算。

9.【 】while 语句和 do-while 语句任何时候都可以互换，程序运行结果相同。

10.【 】for 语句中，三个表达式都可以省略。

四、改错题（每题错误 5 处，要求列出错误所在的程序行号并修改）

1. 求 1×2×3×4×⋯×n。

 （1） #include <stdio.h>;

 （2） int main()

 （3） {

 （4） long int sum;

 （5）   int n,i=1;

 （6） scanf("%d",n);

 （7） printf("\n");

 （8） while(i<n)

 （9）   { sum=sum*i;

 （10）   i++;

 （11）   }

 （12）   printf("sum=%f",sum);

 （13）   return 0;

 （14） }

2. 求 100~300 间能被 3 整除的数的和。

 （1） include <stdio.h>

 （2） main

（3）　　{ int n;

（4）　　　long sum;

（5）　　　for(n=100,n<=300,n++)

（6）　　　{

（7）　　　　if(n%3=0)

（8）　　　　　sum=sum*n;

（9）　　　}

（10）　　printf("%ld",sum);

（11）　　return 0;

（12）　　}

3. 求 1+2+…+100 的程序如下：

（1）　　#include <sdtio.h>;

（2）　　int main()

（3）　　{ int i,sum=1;

（4）　　　for(i=1;i<=100;i++);

（5）　　　 sum=sum+i;

（6）　　　printf(sum=%d\n,sum);

（7）　　　return ;

（8）　　}

五、读程序写结果（或者选择正确答案）

1. 下面程序的运行结果是_____。

```
#include <stdio.h>
int main()
{
    int i=5;
    do
    {
        switch(i%2)
        {
            case 4:i--;break;
            case 6:i--;continue;
        }
        i--;i--;
        printf("%d,",i);
    }while(i>0);
    return 0;
}
```

2. 下面程序的输出结果是（　　）。

```
#include <stdio.h>
int main()
```

```
{
 int i=0,j=0,k=0,m;
 for(m=0;m<4;m++)
  switch(m)
  {
   case 0:i=m++;
   case 1:j=m++;
   case 2:k=m++;
   case 3:m++;
  }
 printf("\n%d,%d,%d,%d",i,j,k,m);
 return 0;
}
```

  A．0,0,2,4   B．0,1,2,3   C．0,1,2,4   D．0,1,2,5

3．以下程序的输出结果为（   ）。

```
#include <stdio.h>
int main()
{
    int n;
    for(n=1;n<=10;n++)
    {
        if(n%3==0)
            continue;
        printf("%d",n);
    }
    return 0;
}
```

  A．12457810   B．369   C．12   D．1234567890

4．下面程序的运行结果是（   ）。

```
#include <stdio.h>
int main()
{
    int i,n=0;
    for( i=2;i<5;i++)
    {
        do{
            if(i%3)
                continue;
            n++;
        }while(!i);
```

```
        n++;
    }
    printf("%d\n",n);
    return 0;
}
```
 A.5   B.4   C.3   D.2

5. 下面程序的运行结果是（ ）。
```
#include <stdio.h>
int main()
{
    int i=100,s=0;
    while(i)
        s+=i--;
    printf("sum=%d\n",s);
    return 0;
}
```
 A. 5050   B. 5500   C. 4500   D. 0505

6. 下面程序的运行结果是_____。
```
#include <stdio.h>
int main()
{
 int i,j,k=19;
 while(i=k-1)
 {
    k-=3;
    if(k%5==0)
    {
       i++;
       continue;
    }
    else if(k<5)
            break;
    i++;
 }
 printf("i=%d,k=%d\n",i,k);
 return 0;
}
```

7. 下面程序的运行结果是_____。
```
#include <stdio.h>
int main()
```

```
{
    int a=10,y=0;
    do
    {
      a+=2;
      y+=a;
      if(y>50)
          break;
    }while(a=14);
    printf("a=%d y=%d\n",a,y);
    return 0;
}
```

第6章 数 组

知识框架图如图 2-6-1 所示。

图 2-6-1 知识框架图

 知识点介绍

6.1 数组的定义和引用

（一）数组的引入

在使用计算机进行数据处理时，常会遇到批量数据的操作，像打印学生的成绩、输入学生的姓名和查找学生的宿舍信息等。对于这种数据量大的操作，使用传统的方式定义多个变量的方法已不再适用，数组解决了这个问题。通过数组，可以实现一次性定义类型相同的多个变量，并且这些变量有相同的数组名，通过不同的下标区分彼此，再和循环结构完美结合，解决了批量数据的存取和操作问题。

数组中的成员称为数组元素。根据数组中数组元素的类型，可以将数组分为整型数组、实型数组、字符数组、结构体数组和指针数组等。根据数组的下标个数，可以将数组分为一维数组、二维数组和多维数组。

（二）数组的定义

1. 数组定义方法

根据课本对数组定义的描述，数组定义时要向编译器标识三个要素：数组元素的类型、数组名和数组长度。一维数组和二维数组的定义方法见表 2-6-1。

【注意】

（1）数组名代表数组首地址，是地址常量，不可以对数组名赋值。例如，"int a[5];a=1000;"是错误的代码。

（2）在 C 语言中，下标外面的方括号（[]）实际上是一个运算符，与圆括号（()）具有相同的优先级，处于优先级列表的第一级。

（3）定义数组时[]内的下标必须是整型常量或整型常量表达式。例如，"int a[3.0]，b[2.3+1]；"是错误代码。

表 2-6-1　数组的定义

数组维数	定义形式	举例	含义
一维数组	类型　数组名[常量]	int a[5];	定义一个有 5 个 int 元素的数组
二维数组	类型　数组名[常量 1][常量 2]	float[2][3];	常量 1 表示数组的行数，常量 2 表示数组的列数，此代码定义一个 2 行 3 列有 6 个 float 元素的数组

2.　真题解析

【示例 6-1】下列选项中，能正确定义数组的语句是（　　）。（二级考试真题 2015.3）

A.　int num[0..2008];　　　　　　　B.　int num[];

C.　int N=2008;　　　　　　　　　　D.　#define N 2008

　　　int num[N];　　　　　　　　　　　　int num[N];

正确答案：D

程序分析：C 语言明确规定，定义数组时[ ]内的下标必须是整型常量或整型常量表达式。A 选项的格式不正确，B 选项[]内的值不能省略，C 选项中 N 是变量，D 选项 N 是符号常量，故正确。

（三）数组的引用

1.　数组元素的表示及存储

根据课本中数组元素的引用的描述，数组元素的引用是通过数组名和下标的组合形式来表示的。例如一维数组 "int a[5];" 代表定义了 5 个整型变量，即一维数组 a 中包含 5 个数组元素，分别通过 a[0]、a[1]、a[2]、a[3]、a[4]这些标识符来引用这些数组元素，第一个数组元素的下标为 0，最后一个数组元素的下标为 4（长度−1）。如图 2-6-2 所示。

图 2-6-2　一维数组的数组元素引用

同样，对于二维数组 "int a[2][3];" 代表定义了 2 行 3 列共 6 个整型变量，即二维数组 a 中包含 2 行 3 列共 6 个数组元素，分别通过 a[0][0]、a[0][1]、a[0][2]、a[1][0]、a[1][1]、a[1][2]这些标识符来引用这些数组元素。此二维数组共 2 行 3 列，因此，行下标的范围为 0~1，列下标的范围为 0~2。所以最后一个数组元素的正确引用为 a[1][2]而非 a[2][3]。如图 2-6-3 所示。

第 0 列	第 1 列	第 2 列
a[0][0]	a[0][1]	a[0][2]
a[1][0]	a[1][1]	a[1][2]

第 0 行、第 1 行（a →）

图 2-6-3　二维数组的数组元素引用

定义数组后，内存中会根据数组元素的个数和类型分配多个内存空间。例如，一维数组 int a[5],计算机会分配 5 个连续的 int 长度的存储单元,分别分配给它的 5 个数组元素,如图 2-6-2 所示。

对于二维数组，在概念上是二维的，即其下标在行和列两个方向上变化，如图 2-6-3 所示。但实际计算机的存储单元是按一维线性排列编址的，如图 2-6-4 所示。在一维存储器中存放二维数组，可有两种方式：一种是按行排列，即放完一行之后顺次放入第二行。另一种是按列排列，即放完一列之后再顺次放入第二列。在 C 语言中，二维数组是按行排列的。例如，int a[2][3];，根据定义得知定义了 2 行 3 列共 6 个数组元素，在内存中先存储第 1 行的 3 个元素，分别是 a[0][0]、a[0][1]和 a[0][2]，再存储第 2 行的 3 个元素 a[1][0]、a[1][1]和 a[1][2]。

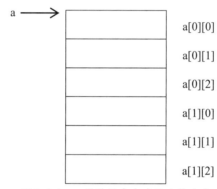

图 2-6-4　二维数组在内存的存储方式

2. 注意事项

（1）数组元素的实质是变量，因此，任何使用变量的地方都可以使用数组元素，以下代码都是合法的。

```
int a[3],b[2][3],i;
scanf("%d,%d",&a[0],&a[1]);        /*输入数据存放到数组元素 a[0]和 a[1]中*/
a[2]=a[0]+a[2-1];                  /*将 a[0]和 a[1]的值相加赋值到 a[2]（a[2-1]即为 a[1]）*/
b[1][2]=a[1]*100;                  /*给 b[1][2]赋值*/
printf("%d,%d",a[2],b[1][2]);      /*输出 a[2]和 b[1][2]的值*/
i=2;
printf("%d,%d",a[i],i);            /*输出 a[2]的值和其下标的值*/
```

（2）引用数组元素注意下标不要越界。

```
int a[3],b[2][3];
scanf("%d,%d,%d",&a[3],&a[3+1],&b[2][3]);    /*a 数组不存在数组元素 a[3]和 a[4]，b 数
                                              组不存在数组元素 b[2][3]，访问越界*/
```

（3）引用数组元素可以用变量表示下标，但注意下标一定是有效值（符合数组定义的下标有效范围）。

```
int a[5],i;
printf("input 5 numbers\n");
scanf("%d",&a[i]);          /*i 的值是多少？是数组元素的有效范围吗？*/
```

（4）保存数组所需的内存量直接与基类型和数组大小有关。对一维数组而言，以字节为单位的总内存量可以这样来确定：

$$总字节数=sizeof(基类型)×数组长度$$

其中 sizeof 是长度运算符，处于优先级列表的第二级，其作用是返回当前编译环境下某类型或者表达式所分配的内存字节数。例如 "int a[100];"，此一维数组在内存中实际占 sizeof(int)×100 = 4×100 = 400 个字节数。

（5）数组引用和数组定义在形式上有些相似，但这两者具有完全不同的含义。数组定义方括号中的常量是某一维的长度，即数组元素的个数；而数组引用中的下标是该元素在数组中的位置标识。前者只能是常量或常量表达式，后者可以是常量、变量或表达式。

（6）对于数组引用，可以结合循环完成批量数据的输入、输出、赋值和计算等操作。

对于一维数组，可以使用一层 for 循环来对每个数组元素进行操作。例如，以下代码实现 10 个数组元素的输入。

```
int a[10],i;           /*定义包含 10 个整型元素的数组，定义整型变量 i*/
for(i=0;i<10;i++)      /*循环次数从数组最小下标开始，到最大下标为止，不要越界*/
  scanf("%d",&a[i]);   /*a[i]是数组元素的引用，根据 i 的变化可以取到数组中每一个元素*/
```

对于二维数组，可以使用两层 for 循环嵌套来对每个数组元素进行操作。例如，以下代码实现了二维数组元素的赋值。

```
int a[5][10],i,j;      /*定义 5 行 10 列包含 50 个整型元素的数组，定义整型变量 i、j*/
for(i=0;i<5;i++)       /*外循环次数从数组最小行下标开始，到最大行下标结束*/
    for(j=0;j<5;j++)   /*内循环次数从数组最小列下标开始，到最大列下标结束*/
        a[i][j]=i+j;   /*每个数组元素赋值为变量 i 和变量 j 的和*/
```

3. 实例分析

【例 6.1】求 2+4+…+100。

题目分析：题目要求 100 以内的偶数和。100 内的偶数从 2 开始到 100 结束共 50 个，可以定义一个包含 50 个数组元素的整型数组，然后通过循环对每个数组元素进行赋值与求和操作。

参考程序及解释：

```
#include <stdio.h>
int main()
{
    int i,a[51],sum=0;    /*定义包含 51 个元素的数组 a，有效下标为 0~50*/
    for(i=1;i<=50;i++)    /*循环变量 i 从 1~50，分别引用数组元素 a[1]~a[50]*/
        a[i]=i*2;         /*每个数组元素赋值为下标*2*/
    for(i=1;i<=50;i++)    /*循环变量 i 从 1~50，分别引用数组元素 a[1]~a[50]*/
```

```
        sum=sum+a[i];              /*利用累加法对 a[1]~a[50]这些数组元素求和*/
        printf("sum=%d\n",sum);    /*输出求和结果 sum 的值*/
        return 0;
    }
```

【题目扩展】如何修改程序来求 1+3+5+…+99 的值？

【提示】将例 6.1 中对数组元素赋值的语句由原来的 i*2 改为 i*2−1 即可。

【例 6.2】求一个 3×3 方阵主对角线元素之和。

题目分析：3 行 3 列的方阵用二维数组 a[3][3]表示，对角线上的元素的特征为行下标和列下标相同，即a[0][0]、a[1][1]和a[2][2]（如图2-6-5所示），对角线元素和sum=a[0][0]+a[1][1]+a[2][2]，即 sum=sum+a[i][i]（i=0、1、2）。

	第 0 列	第 1 列	第 2 列
第 0 行	a[0][0]	a[0][1]	a[0][2]
第 1 行	a[1][0]	a[1][1]	a[1][2]
第 2 行	a[2][0]	a[2][1]	a[2][2]

图 2-6-5　用二维数组表示 3 行 3 列的矩阵

参考程序：

```c
#include <stdio.h>
int main()
{
    int a[3][3];                /*定义 3 行 3 列的二维整型数组*/
    int i,sum=0;                /*sum 初始化为 0，为求和做准备*/
    printf("Please input data:\n");
    for(i=0;i<3;i++)            /*循环变量 i=0 代表第 0 行，以此类推*/
        scanf("%d%d%d",&a[i][0],&a[i][1],&a[i][2]);   /*输入第 i 行的 3 个元素值*/
    for(i=0;i<3;i++)
        printf("%d%d%d\n",a[i][0],a[i][1],a[i][2]);        /*输出第 i 行的 3 个元素值*/
    for(i=0;i<3;i++)
        sum=sum+a[i][i];        /*求对角线上元素的和*/
    printf("sum=%d\n",sum);
    return 0;
}
```

【题目扩展】

（1）如何将题目改成求 10 行 10 列主对角线元素的和？

【提示】在程序开头加入宏定义#define N 10，将程序中控制循环次数的 3 改为 N 即可。修改 N 的值可以适应任意行任意列的情况。

（2）如何用二维数组来解决此问题？参考程序如下：

```c
#include <stdio.h>
```

```
#define N 10
int main()
{
    int a[N][N];                        /*定义 N 行 N 列的二维整型数组*/
    int i,j,sum=0;                      /*sum 初始化为 0，为求和做准备*/
    printf("Please input data:\n");
    for(i=0;i<N;i++)                    /*循环变量 i=0 代表第 0 行，以此类推*/
        for(j=0;j<N;j++)                /*循环变量 j=0 代表第 0 列，以此类推*/
            scanf("%d",&a[i][j]);       /*输入第 i 行第 j 列的元素值*/
    for(i=0;i<N;i++)
    {
        for(j=0;j<N;j++)
            printf("%d",a[i][j]);       /*输出第 i 行第 j 列的元素值*/
        printf("\n");                   /*输出一行后换行*/
    }
    for(i=0;i<N;i++)
        sum=sum+a[i][i];                /*求对角线上元素的和*/
    printf("sum=%d\n",sum);
    return 0;
}
```

运行结果如图 2-6-6 所示。

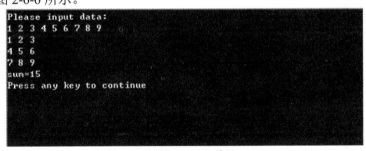

图 2-6-6　例 6.2 运行结果

4. 真题解析

【示例 6-2】有以下程序段：

```
#include <stdio.h>
void main()
{
    int a[5]={1,2,3,4,5},b[5]={0,2,1,3,0},i,s=0;
    for(i=0;i<5;i++)    s=s+a[b[i]];
    printf("%d\n",s);
}
```

程序运行后的输出结果是（　　）。（二级考试真题 2015.3）

A. 6　　　　　　B. 10　　　　　C. 11　　　　　D. 15

正确答案：C

程序分析：题目的难度主要是理解 a[b[i]] 的含义，即 b[i] 的值作为数组 a 的下标。当 i=0 时，a[b[0]] 即 a[0]；当 i=1 时，a[b[1]] 即 a[2]；当 i=2 时，a[b[2]] 即 a[1]；当 i=3 时，a[b[3]] 即 a[3]；当 i=4 时，a[b[4]] 即 a[0]。即将 a[0]、a[2]、a[1]、a[3] 和 a[0] 的值相加。

【示例 6-3】有以下程序段：

```c
#include <stdio.h>
void main()
{
    int b[3][3]={0,1,2,0,1,2,0,1,2},i,j,t=1;
    for(i=0;i<3;i++)
        for(j=i;j<=i;j++)
            t+=b[i][b[j][i]];
    printf("%d\n",t);
}
```

程序运行后的输出结果是（　　）。（二级考试真题 2015.3）

A. 1　　　　　　B. 3　　　　　C. 4　　　　　D. 9

正确答案：C

程序分析：此题目和上一题目类似，题目的难度主要是理解 b[i][b[j][i]]，即 b[j][i] 的值作为数组元素的列标。当 i=0 时，j=i=0 满足循环条件 j<=i，执行循环体，b[j][i]=b[0][0]=0，所以 t=t+b[i][b[j][i]] 即 t=t+b[0][0]，求得 t=1+0=1；当 i=1 时，j=i=1 满足循环条件 j<=i，执行循环体，b[j][i]=b[1][1]=1，所以 t=t+b[i][b[j][i]] 即 t=t+b[1][1]，求得 t=1+1=2；当 i=2 时，j=i=2 满足循环条件 j<=i，执行循环体，b[j][i]=b[2][2]=2，所以 t=t+b[i][b[j][i]] 即 t=t+b[2][2]，求得 t=2+2=4。

（四）数组的初始化

1. 一维数组初始化

（1）全部初始化。

例如：int a[5]={1,2,3,4,5};

（2）部分初始化。

例如：int a[8]={2,4,6,8};剩余元素自动补 0。

2. 二维数组初始化

（1）全部初始化。

例如：int a[4][3]={{1,2,3},{4,5,6},{7,8,9},{10,11,12}};

或者：int a[4][3]={1,2,3,4,5,6,7,8,9,10,11,12};

或者：int a[ ][3]={{1,2,3},{4,5,6},{7,8,9},{10,11,12}};

（2）部分初始化。

int a[4][3]={{1,2},{0,5},{4,6,1}};

则数组各元素为：

```
1   2   0
0   5   0
4   6   1
0   0   0
```

3. 实例分析

【例 6.3】某数列前两项是 0 和 1，从第三项开始，每一项是前两项之和，求该数列前 20 项及其和。

题目分析：该数列前 20 项用数组 f[20] 表示，f[0]=0，f[1]=1，f[2]=f[0]+f[1]，f[3]=f[1]+f[2]，得出 f[i]=f[i−2]+f[i−1]（i=2、3、…、19），若用变量 sum 表示其和，则 sum=sum+f[i]（i=0、1、2、…、19）。

参考程序：

```
#include <stdio.h>
int main()
{
    int i;
    float sum=0,f[20]={0,1};          /*定义包含 20 个元素的实型数组，初始
                                         化 f[0]=0,f[1]=1,f[2]~f[19]的值均为 0*/
    for(i=2;i<20;i++)                 /*循环变量从 2 开始到 19 结束*/
    f[i]=f[i-2]+f[i-1];               /*根据每一项是前两项的和，计算 f[2]~f[19]的值*/
    for(i=0;i<20;i++)                 /*循环变量从 0 开始到 19 结束*/
    {
        printf("%10.2f",f[i]);        /*输出每个数组元素*/
        sum=sum+f[i];                 /*将每个数组元素累加求和*/
    }
    printf("\nsum=%10.2f\n",sum);     /*输入 20 项数组元素的和*/
    return 0;
}
```

课本例 6.3 中提出，也可以将程序中的两个循环语句合并成一个循环语句，注意循环变量从 2 开始到 19 结束，sum 仅仅计算了后 18 项的和，前两项没有包含进来。因此 sum 应该初始化为 sum=f[0]+f[1] 才能符合最终题目要求。

4. 真题解析

【示例 6-4】以下错误的定义语句是（   ）。（二级考试真题 2016.3）

   A．int x[][3]={{0},{1},{1,2,3}};

   B．int x[4][3]={{1,2,3},{1,2,3},{1,2,3},{1,2,3},{1,2,3}};

   C．int x[4][]={{1,2,3},{1,2,3},{1,2,3},{1,2,3},};

   D．int x[][3]={1,2,3,4};

正确答案：C

程序分析：给二维数组所有元素赋初值，二维数组第一维的长度可以省略，但第二维绝对不能省略。编译程序可根据数组总个数和第二维的长度计算出第一维的长度。

（五）数组应用举例

【例 6.4】找出一组整数中的最大数。

分析：用变量 n 表示数据个数，用一维数组 x[n+1]来存储这些数，从 x[1]开始存储第一个数，用 max 表示最大数。求最大值的方法可以用打擂法。先将 x[1]的值放入擂台 max 中，剩下的元素 x[i]（i=2、…、n）依次和 max 比较，如果某个元素 x[i]的值大于擂台 max 的值，说明打擂成功，将 x[i]的值放入擂台 max 中取代原来的值。比较完最后一个数组元素后，max 的值即为一组数中的最大值。

参考程序：

```
#include <stdio.h>
int main()
{
    int n,i,x[100],max;            /*定义包含 100 个元素的数组，max 用来存储最大值*/
    printf("n=");
    scanf("%d",&n);                /*输入数据的个数，应小于 100*/
    for(i=1;i<=n;i++)              /*利用循环变量 i 处理 n 个数组元素*/
    {
        printf("No.%d:",i);        /*提示第 i 个数据*/
        scanf("%d",&x[i]);         /*输入第 i 个数组元素的值*/
    }
    max=x[1];                      /*先将第一个数组元素放入擂台*/
    for(i=2;i<=n;i++)              /*从第二个开始到最后一个元素结束*/
        if(max<x[i])               /*判断 x[i]是否大于擂台的值（打擂成功）*/
            max=x[i];              /*更新擂台的值为 x[i]的值*/
    printf("max=%d\n",max);        /*输出最终的结果 max*/
    return 0;
}
```

【注意】此程序中 n 的值要小于数组的长度 100，如果输入错误的范围，可以通过循环要求用户输入正确范围的数据。

代码如下：

```
    printf("n=");
        do
        {
            scanf("%d",&n);            /*输入数据的个数，应小于 100*/
            if(n>=100||n<0)
                printf("n 的值应该在 0~100 之间");
        }while(n>=100||n<0);
```

【题目扩展】

（1）找出一组整数中的最大数及其位置。

【提示】定义整型变量 index，初始化为 1，表示初始状态下最大值的下标为 1（x[1]最大）。在找最大值的过程中，如果 x[i]>max，将 x[i]的值赋给 max 后，同时将下标 i 赋给整型变量 index。循环结束后，max 是一组数中的最大值，index 则为最大值的数组下标。

（2）找出一组整数中的最大数、最小数及其位置。

【提示】定义整型变量 maxindex 和 minindex，均初始化为 1，表示初始状态下最大值和最小值的下标都为 1。在找最大值、最小值的过程中，如果 x[i]>max，将 x[i]的值赋给 max后，将下标 i 同时赋给整型变量 maxindex；否则判断 x[i]<min，如果满足条件将 x[i]的值赋给min后，将下标 i 同时赋给整型变量 minindex；循环结束后，max 是一组数中的最大值，maxindex则为最大值的数组元素下标，min 是一组数中的最小值，minindex 是最小值的数组元素下标。

【例 6.5】采用"冒泡法"对 10 个整数按由小到大的顺序排序。

算法思想：将相邻的两个数进行比较，如果前面的数大于后面的数（由大到小排则相反），就交换这两个数的值，以此类推直到倒数第二个数和倒数第一个数比较，满足条件则交换。经过这一趟多次比较，最大的数就被排到了数组的最后一个位置。然后再进行下一趟排序，重复上次的过程，直到所有数据排序完毕，程序结束。程序设计过程中，利用外循环控制趟数，N 个数需要 N−1 趟排序。每趟比较的次数用内循环表示，但是内循环每趟比较次数不一样，随着趟数的增加而减少，可以看出趟数+比较次数=N，也即比较次数=N−趟数。

参考程序如下（10 个数排序）：

```c
#include <stdio.h>
#define N 10
int main()
{
    int x[N+1],i,j,t;          /*定义 N+1 个元素的数组*/
    for(i=1;i<=N;i++)          /*使用下标为 1~N 的数组元素*/
    {
        printf("No.%d:",i);
        scanf("%d",&x[i]);     /*输入数组元素的值*/
    }
    for(i=1;i<=N-1;i++) /*排序 N 个数据，需要进行 N-1 趟排序，用 i 代表第几趟排序*/
        for(j=1;j<=N-i;j++)    /*第 i 趟排序，共有 N-i 次比较*/
            if(x[j]>x[j+1])    /*比较相邻两个数据的大小*/
            {
                t=x[j];x[j]=x[j+1];x[j+1]=t;    /*满足条件则交换相邻元素的值*/
            }
    for(i=1;i<=N;i++)
        printf("%d",x[i]);     /*循环输出 N 个元素的值*/
    printf("\n");
    return 0;
}
```

【程序扩展】

在上述排序的案例中，经过前面 2 趟排序后，数组内的元素已排好序，后面的几趟没做操作，这种情况可能提前结束循环。当某趟排序过程中没有任何数据交换，说明已是排好序的数组。可以添加一个开关变量 ischange 初值为 0，如果有数据交换将 ischange 置 1。这样控制趟数的外循环的条件在原来小于等于 N−1 的基础上，再增加一个条件"ischange 为真"，修

改后的代码如下:

```c
#include <stdio.h>
#define N 10
int main()
{
    int x[N+1],i,j,k,t,ischange;     /*定义 N+1 个元素的数组*/
    for(i=1;i<=N;i++)                /*使用下标为 1~N 的数组元素*/
    {
        printf("No.%d:",i);
        scanf("%d",&x[i]);     /*输入数组元素的值*/
    }
    for(i=1;i<=N-1&&ischange;i++)     /*排序 N 个数据,需要进行 N-1 趟排序,用 i 代
                                        表第几趟排序*/
    {
        printf("第%d 趟排序:",i);
        ischange=0;     /*开关变量赋初值*/
        for(j=1;j<=N-i;j++)          /*第 i 趟排序,共有 N-i 次比较*/
            if(x[j]>x[j+1])          /*比较相邻两个数据的大小*/
            {
                t=x[j];x[j]=x[j+1];x[j+1]=t;     /*满足条件则交换相邻元素的值*/
                ischange=1;     /*修改开关变量的值为 1,表示此趟排序有数据交换*/
            }
        for(k=1;k<=N;k++)     /*输出每趟的排序结果*/
            printf("%d ",x[k]);
        printf("\n");
    }
    return 0;
}
```

【例 6.6】采用"选择法"对 10 个整数按由小到大的顺序排序。

算法思想:从 N 个数中找出最小的数放到第一个位置,再从剩下的 N-1 个数中找到最小数放到第二个位置,以此类推,最后一次从 2 个数中找到最小数放到 N-1 个位置,排序完毕。

参考程序(10 个数排序):

```c
#define N 10
#include <stdio.h>
int main()
{
    int x[N+1],i,j,min,h;
    for(i=1;i<=N;i++)                /*循环输入 N 个数据*/
    {
        printf("No.%d:",i);
```

```
        scanf("%d",&x[i]);
    }
    for(i=1;i<=N-1;i++)              /*外循环 i 控制趟数，共 N-1 趟*/
    {
        min=x[i];h=i;               /*假设 x[i]是最小值，下标为 i，h 记录最小值的下标*/
        for(j=i+1;j<=N;j++)         /*从 i 后的剩余元素中找最小值*/
            if(min>x[j])            /*有 x[j]比 min 小*/
            {
                min=x[j];           /*将 x[j]放到 min 中*/
                h=j;                /*h 记录当前最小值的下标*/
            }
        x[h]=x[i];                  /*将 x[i]移到 x[h]中*/
        x[i]=min;                   /*将真正的最小值放在 x[i] */
    }
    for(i=1;i<=N;i++)
        printf("No.%d:%d\n",i,x[i]);  /*输出数组所有元素*/
    return 0;
}
```

6.2 字符型数组

通过教程第一节知识的学习得知，数组元素都是整数的数组称为整型数组；数组元素均为实型的数组为实型数组。同样，数组元素都是字符型的则为字符型数组，字符型数组在定义和引用方面和其他数组无异。但是在 C 语言中没有字符串类型的变量，只能通过字符型数组对字符串常量进行操作。因此，字符型数组又拥有和其他类型数组不同的特性。

（一）字符型数组和其他类型的数组操作的相同点

1. 字符型数组的定义

char name[10];   /*表示定义了一个包含 10 个字符元素的数组*/
char stuName[50][10];   /*表示定义了一个包含 50 个元素的数组，每个元素又是长度 10 的字符数组*/

2. 字符型数组的初始化

char name[10]={'L','i','u','L','i'};   //利用字符常量对字符数组元素初始化
此一维数组初始化的结果如图 2-6-7 所示。

name[0]	name[1]	name[2]	name[3]	name[4]	name[5]	name[6]	name[7]	name[8]	name[9]
L	i	u	L	i	\0	\0	\0	\0	\0

图 2-6-7　一维字符数组初始化结果

char stuName[50][10]={{'L','i','u','L','i'},
                      {'W','a','n','g','P','i','n','g'},
                      {'Z','h','a','o','N','a'}};
此二维数组初始化的结果如图 2-6-8 所示（属于部分初始化）。

149

	0	1	2	3	4	5	6	7	8	9
stuName[0]	L	i	u	L	i	\0	\0	\0	\0	\0
stuName[1]	W	a	n	g	P	i	n	g	\0	\0
stuName[2]	Z	h	a	o	N	a	\0	\0	\0	\0
stuName[N]	\0	\0	\0	\0	\0	\0	\0	\0	\0	\0

图 2-6-8　二维字符数组初始化的结果

【注意】字符 0 和字符 '\0' 是不一样的, 字符 0 的 ASCII 码值是 48, 而字符 '\0' 的 ASCII 码值是 0, 代表 NULL 字符, 屏幕上占一个宽度但不显示内容, 只是作为字符串结束的标志。同样, 字符空格和字符 NULL 在屏幕上都占一个宽度而不显示内容, 但是字符空格的 ASCII 码值是 32, 代表空格的作用。

3. 字符型数组元素的引用

字符型数组由多个字符元素构成, 引用的数组元素即为一个字符。和前面数组引用一样, 对于一维数组借助一层循环分别引用数组中的每个元素, 对于二维数组借助二层循环分别引用数组中的每个元素。

例如: 输出字符数组中的每个元素。

```c
#include <stdio.h>
int main()
{
    int i;
    char name[10]={'L','i','u','L','i'};
    for(i=0;i<10;i++)
        printf("%c",name[i]);
    return 0;
}
#include <stdio.h>
int main()
{
    int i,j;
    char stuName[50][10]={{'L','i','u','L','i'},{'W','a','n','g','P','i','n','g'},{'Z','h','a','o','N','a'}};
    for(i=0;i<50;i++)
    {
        for(j=0;j<10;j++)
        {
            printf("%c",stuName[i][j]);
        }
        printf("\n");
    }
    return 0;
}
```

从上述字符数组的使用过程可知，在字符型数组的定义、初始化和引用方面均和前面的整型和实型数组类似。但是在使用字符数组的过程中发现，实际使用的字符个数和定义字符数组长度往往不同，多出的空间均存储空字符（'\0'）。为避免处理大量空字符（'\0'），我们让循环按照数组字符实际个数处理即可，遇到空字符（'\0'）可以结束循环。上述输出数组元素的循环条件可以改为 name[i]!='\0'。同时，在实际中对字符串作为一个整体处理更有意义。所以字符型数组和字符串结合在一起来处理多个字符的操作。

C 语言规定了一个"字符串结束标志"——'\0'（ASCII 码为 0 的空字符），存储一个字符串时总是在字符串后面自动加上一个'\0'，表示该字符串结束。在利用字符数组存储和操作字符串方面使字符数组和其他类型的数组有了差异。

（二）字符型数组和其他类型数组操作的不同点

1. 利用字符串常量对字符型数组初始化

char name[10]={"LiuLi"};或者 char name[10]="LiuLi";或者 char name[]={"LiuLi"};

【注意】最后一个初始化语句的字符数组长度至少为 6（字符串的长度至少为实际字符个数加 1）。

      char stuName[][10]={{"LiuLi"},{"WangPing"},{"ZhaoNa"}};

2. 利用输入输出方式对字符型数组初始化

（1）通过%s 进行整体输入和输出。

      char name[10];

      scanf("%s",name)

      printf("%s",name);

scanf 语句中，%s 后面的地址表列直接用数组名而不需要加&，因为数组名本身代表数组的起始地址。利用%s 进行字符串输入时，遇到空格、Tab 键或者回车结束。利用%s 进行输出时，表示从 name 所代表的地址开始，输出里面的数据，直到遇到第一个'\0'结束。注意：以%s 格式输入输出时，scanf 和 printf 函数后面的参数都是数组名（即：地址）。

（2）通过 gets()、puts()进行输入、输出。

      char name[10];

      gets(name);

      puts(name);

（3）两种输入输出方式的区别。

① gets(数组名)与 scanf("%s",数组名)的区别：

➢ gets 遇回车时结束输入。也就是说，gets 可以接收回车前的任何输入。

➢ scanf 不同，遇到回车、空格、制表符就结束输入。

➢ scanf 的空格、回车仍然会留在缓冲区。

➢ 输入结束后，gets 的回车不会留在缓冲区。

例如：char a[]="I love C language";，如果要一次性地接收全部的字符串，要用 gets。

② puts(数组名)与 printf("%s",数组名)的区别：

puts 函数输出字符串后会自动加换行，而 printf("%s",数组名)不会。

puts(数组名)与 printf("%s\n",数组名)等效。

（三）实例解析

【示例6-5】以下程序用于删除字符串中所有的空格，请填空。

```
#include <stdio.h>
int main()
{
    char s[100]={"Our teacher teach C language!"};
    int i,j;
    for(i=j=0;s[i]!='\0';i++)
        if(s[i]!=' '){s[j]=s[i];j++;}
    s[j]=_____;
    puts(s);
    return 0;
}
```

正确答案：'\0'

程序分析：由于循环结束的条件是 s[i]!='\0'，所以'\0'没有被拷贝过去，因此循环处理完有效字符后，再将'\0'放到 j 所指位置。

【示例6-6】有以下程序：

```
#include <stdio.h>
#include <string.h>
void main()
{
    char p[]={'a','b','c'},q[10]={'a','b','c'};
    printf("%d,%d\n",strlen(p),strlen(q));
}
```

以下叙述中正确的是（   ）。（二级考试真题 2016.3）

    A. 在给 p 和 q 数组赋初值时，系统会自动添加字符串结束符，故输出的长度都为 3

    B. 由于 p 数组中没有字符串结束符，长度不能确定，但 q 数组中字符串长度为 3

    C. 由于 q 数组中没有字符串结束符，长度不能确定，但 p 数组中字符串长度为 3

    D. 由于 p 和 q 数组中都没有字符串结束符，故长度都不能确定

正确答案：B

程序分析：strlen 函数的作用是实测字符串的实际长度（不含字符串结束标志'\0'）。对于 p 数组，初始化省略了数组长度，故数组元素被初始化为'a'、'b'、'c'，没有字符串结束符'\0'，故数组长度不确定；而对于 q 数组，指定的数组长度为 10，初始化'a'、'b'、'c'后，后面的 7 个数组元素均初始化为'\0'，故 strlen 的结果为 3。

（四）字符串处理函数

1. 常用的字符串处理函数及其功能

（1）字符串连接函数 strcat()。

strcat(字符数组名,字符串表达式)：把字符串表达式中的字符串连接到字符数组中字符串的后面形成一个新的字符串，函数返回值是字符数组的首地址。

（2）字符串复制函数 strcpy()。

strcpy(字符数组名,字符串表达式)：把字符串表达式中的值复制到字符数组中，包括字符串结束标志'\0'。该函数的返回值是字符数组的首地址。

（3）字符串比较函数 strcmp()。

strcmp(字符数组名 1,字符数组名 2)：从左向右依次对应比较两个字符串中的字符，当出现不同字符时比较结束，返回不相同字符的 ASCII 码差值。

（4）测字符串长度函数 strlen()。

strlen(字符数组名)：测字符串的实际长度(不含字符串结束标志'\0')，并作为函数返回值。

2. 真题解析

【示例 6-7】有定义语句 "char s[10];"，若要从终端给 s 输入 5 个字符，错误的输入语句是（　　）。（二级考试真题 2016.3）

　　A. gets(&s[0]);　　　B. scanf("%s",s+1);　　　C. gets(s);　　　D. scanf("%s",s[1]);

正确答案：D

程序分析：scanf 和 gets 后面的参数是地址列表，而数组名代表地址，所以 s、s+1 和&s[0] 均表示 s 数组内的有效地址，而 D 选项中 s[1]是数组元素。

【示例 6-8】利用字符数组，产生随机验证码。

程序分析：验证码是多个随机字符组合构成的字符串，可以定义一个字符数组作为字符库，里面存储构成验证码的所有字符，利用随机函数产生随机整数作为字符数组的下标，将此下标的字符取出作为验证码中的一个字符。

```c
#include <stdio.h>
#include <time.h>
#include <stdlib.h>
#define N 5
void main()
{
    char total[100]="\0",randchar[N+1]={'\0'};
    int i,j=0,t;
    for(i=0;i<26;i++)
        total[j++]='A'+i;          /*将 26 个字母存储到字符库中*/
    for(i=0;i<10;i++)
        total[j++]='0'+i;          /*将 10 个数字字符存储到字符库中*/
    srand(time(0)); //随机种子
    for(i=0;i<N;i++)               /*产生 N 个随机字符*/
    {
        t=rand()%j;                /*生成 0~(j-1)范围内的数字*/
        randchar[i]=total[t];      /*取出此位置的字符到验证码中*/
    }
    printf("%s\n",randchar);       /*输出验证码*/
}
```

本章主要讲解数组相关的内容，包括数组的定义、引用、初始化和数组的应用。同时，对于字符数组的特殊操作进行讲解，并介绍了字符数组常用的库函数。

　　本章要重点掌握一维数组和二维数组的定义、初始化和引用方法，理解字符数组与字符串的区别，掌握它们的区别和联系，尤其是字符型数组和数值型数组操作的差异。本章的难点是掌握使用数组进行程序设计，解决批量数据处理的实际问题。

✏ **部分课后习题解析**

　　11.【提示】金字塔图案共由 4 行构成，每行又由空格、星花（*）和回车 3 种字符构成。由图案可分析出每行空格数、星花（*）和回车字符的数量的规律，见表 2-6-2。

表 2-6-2　3 种字符的变化规律

行数 i	空格数量 j	星花数量 k	回车数量
第 1 行	3	1	1
第 2 行	2	3	1
第 3 行	1	5	1
第 4 行	0	6	1
第 i 行	4-i	2*i-1	

　　对于多行多列的图案利用双层循环即可完成。外循环 i 控制行数，i 的变化范围从 1 到 4，内循环控制每行打印输出的内容。空格打印的数量随着行数减少，循环变量 j 和 i 的关系为 i+j=4，得出 j=4-i。星花打印的数量随着行数增加，循环变量 k 和 i 的关系为 k=2*i-1。得到程序的架构为：

```
#include <stdio.h>
int main()
{
    定义循环变量
    外循环控制行数
    {
        循环打印空格;
        循环打印星花;
        printf("\n");
    }
    return 0;
}
```

　　12.【提示】把表 2-6-3 中的值读入数组，再分别求各行、各列及表中所有数之和。

表 2-6-3　二维数组表

i ＼ j	0	1	2	3	各行的和
0	23	83	36	48	hsum[0]
1	28	55	37	56	hsum[1]
2	27	64	85	54	hsum[2]
各列的和	lsum[0]	lsum[1]	lsum[2]	lsum[3]	所有元素的和 sum

多行多列的数据可以使用二维数组存储。此表格数据由 3 行 4 列构成，则定义 3 行 4 列的整型数组，各行的和用 hsum[3]存储，各列的和用 lsum[4]存储，求和之前均初始化为 0。最后利用循环遍历数组中的元素进行累加即可。

13. 【提示】利用打擂法，定义最大值 max 和最小值 min 两个擂台，初始值均为数组第一个元素。利用循环从第二个元素到最后一个元素，判断有没有元素 a[i]比 max 大，如果大于 max，将此元素的值放入 max，否则判断元素 a[i]是否比 min 小，如果小于 min，则将此元素的值放入 min。当所有元素和 max、min 都比较完毕后，max 和 min 中存储的就是整个数组中的最大值和最小值。

14. 【提示】在课本提示的基础上，考虑如果大写字母的代码+3 后超出大写字母的范围如何处理。例如大写字母 Z，加上 3 后输出的字符为]，如何让其再从大写字母表第一个开始进行输出呢？也就是将 Z 替换为第三个大写字母 C，将 Z+3-26 即可。

练习题

一、选择题

1. 以下关于数组的描述正确的是（　　）。
   A. 数组的大小是固定的，但可以有不同类型的数组元素
   B. 数组的大小是可变的，但所有数组元素的类型必须相同
   C. 数组的大小是固定的，但所有数组元素的类型必须相同
   D. 数组的大小是可变的，但可以有不同类型的数组元素

2. 在定义"int a[10];"之后，对 a 的引用正确的是（　　）。
   A. a[10]　　　　B. a[6.3]　　　C. a(6)　　　　D. a[10-10]

3. 以下能正确定义数组并正确赋初值的语句是（　　）。
   A. int n=5,b[n][n];　　　　　　B. int a[1][2]={{1},{3}};
   C. int c[2][]={{1,2},{3,4}};　　D. int a[3][2]={{1,2},{3,4}};

4. 以下不能正确赋值的是（　　）。
   A. char s1[10];s1="test";　　　　B. char s2[]={'t','e','s','t'};
   C. char s3[20]= "test";　　　　　D. char s4[4]={'t','e','s','t'};

5. 下面程序段运行时输出结果是（　　）。
   char s[12]="A book";
   printf("%d\n",strlen(s));
   A. 12　　　　　B. 8　　　　　C. 7　　　　D. 6

二、读程序写结果

1. 有如下程序：
   #include <stdio.h>

```c
int main()
{
    float b[6]={1.1,2.2,3.3,4.4,5.5,6.6},t;
    int i;
    t=b[0];
    for(i=0;i<5;i++)
        b[i]=b[i+1];
    b[5]=t;
    for(i=0;i<6;i++)
        printf("%6.2f",b[i]);
    return 0;
}
```

程序运行结果为_____。

2. 有如下程序:

```c
#include <stdio.h>
int main()
{
    int a[3][3]={1,3,5,7,9,11,13,15,17};
    int sum=0,i,j;
    for (i=0;i<3;i++)
        for (j=0;j<3;j++)
        {
            a[i][j]=i+j;
            if (i==j)
            sum=sum+a[i][j];
        }
    printf("sum=%d",sum);
    return 0;
}
```

程序运行结果为_____。

3. 有如下程序:

```c
#include <stdio.h>
int main()
{
    int i,s;
    char s1[100],s2[100];
    printf("input string1:\n");
    gets(s1);
    printf("input string2:\n");
    gets(s2);
```

```
        i=0;
        while ((s1[i]==s2[i])&&(s1[i]!='\0'))
           i++;
        if ((s1[i]=='\0')&&(s2[i]=='\0'))
           s=0;
        else
           s=s1[i]-s2[i];
        printf("%d\n",s);
        return 0;
    }
```

输入数据　　　aid

　　　　　　　and

程序运行结果为_____。

三、程序设计

1. 有一个正整数数组，包含 N 个元素，要求编程求出其中的素数之和以及所有素数的平均值。

2. 有 N 个数已按由小到大的顺序排好，要求输入一个数，把它插入到原有序列中，而且仍然保持有序。

3. 打印如下形式的杨辉三角形。

```
        1
        1   1
        1   2   1
        1   3   3   1
        1   4   6   4   1
        1   5   10  10  5   1
```

输出前 10 行，从 0 行开始，分别用一维数组和二维数组实现。

4. 在一个二维数组整型数组中，每一行都有一个最大值，编程求出这些最大值以及它们的和。

<h1 style="text-align:center">第 7 章　函　数</h1>

✎ 知识框架图

知识框架图如图 2-7-1 所示。

图 2-7-1　知识框架图

✎ 知识点介绍

7.1　函数概述

（一）函数定义的一般形式

类型说明符 函数名([形参表])
{
　　函数体
}

函数定义的四个要素：

（1）类型说明符规定了这个函数的返回值类型（如整型、实型等变量可取的类型）。void 表示函数没有返回值，缺省则默认是 int 类型。

（2）函数名规定了函数的名称，通过这个名称才能对某个函数进行调用。在 C 语言中，函数名也被看作一个变量（但这个变量表示的是函数的地址，而不是函数的返回值），它的命名规则同标识符的命名规则。

（3）形参表列规定了函数有什么样的参数（这部分可以省略，省略之后的函数被称作无参函数）。这些形式参数的作用是接收从主调函数传递过来的数据，它们的值由主调函数给出。

（4）函数体包括变量定义和函数体语句。变量定义部分规定了在函数内部要用到的变量和它们的类型。函数体语句规定了函数中要执行的语句。函数体语句和变量定义部分用一对大括号包围起来。

【示例 7-1】有以下程序：

```c
#include <stdio.h>
int max(int x,int y)
{
    int t;
    t=(x>y)?x:y;
    return(t);
}
int main()
{
    int i,j;
    scanf("%d,%d",&i,&j);
    printf("The max is %d",max(i,j));
    return 0;
}
```

运行结果为：

输入：5,9 回车

The max is 9_

可以对照前面函数定义时的四个要素，理解这个例子中的 max 函数。

（二）函数的分类

（1）库函数。由 C 编译系统提供的函数。如 printf()，使用时需要在程序中包含相应的头文件。

（2）用户定义函数。如：输出一串星号的函数。

```c
void printstar()
{
    printf("**********\n");
}
```

（3）有返回值的函数。在函数首部需说明函数类型，函数体内需有 return 表达式语句，并且函数类型和 return 语句返回值的类型要一致。如：求两个整数中较大数的函数。

```c
int max(int x,int y)
{
    return x>y?x:y;
}
```

（4）无返回值的函数。函数为空（void）类型，并且 return 语句后无表达式，否则会出错。如果省略函数类型，则默认是 int 类型。

（5）有参函数。如 putchar(x)。

（6）无参函数。如 getchar()。

（三）函数声明

两个函数，如果其中一个调用另一个，则前者称为主调函数，后者称为被调函数。如果被调函数的位置在主调函数的后面，则应该在主调函数中声明被调函数。

一般形式：类型说明符 函数名([形参表]);

一定要有函数名、函数的返回类型、函数的参数类型；不一定要有形参的名称。

【示例 7-2】有以下程序：

```
#include <stdio.h>
int main()
{
  int i,j;
  int sum(int x,int y);    /*函数声明，也可以用 int sum(int,int); 或者 int sum(int a,int b);*/
  scanf("%d%d",&i,&j);
  printf("%d+%d=%d\n",i,j,sum(i,j));
  return 0;
}
int sum(int x,int y)
{
  return(x+y);
}
```

main()函数调用了 sum 函数,则需要在 main()函数中对 sum 进行函数声明"int sum(int x,int y);"。

【示例 7-3】有以下程序，请在（   ）处填写正确语句，使程序可以正常编译运行。（二级考试真题 2014.3）

```
#include <stdio.h>
(            )
int main()
{
  double x,y,(*p)();    /*此处定义了函数指针 p，参考第 8 章 8.5 指针与函数部分内容*/
  scanf("%lf%lf",&x,&y);
  p=avg;                  /*p 指向函数 avg*/
  printf("%f\n",(*p)(x,y));  /*此处用函数指针进行了函数调用*/
  return 0;
}
double avg(double a,double B)
{
  return((a+B)/2);
}
```

正确答案：double avg(double a,double B); 或者 double avg(double,double);

【建议】

（1）在函数之外、程序的最前面对被调函数进行声明；

（2）尽量将被调函数写在前面，将 main()函数定义在最后。

（四）函数的参数

1. 形参和实参定义

（1）形参：出现在函数定义中，一般是变量名的形式；

（2）实参：出现在函数调用中，可以是常量、变量和表达式，也可以是数组元素。调用时将形参的值传递给实参，形参值的改变不会影响实参的值。

【注意】二者必须数量相等，类型一致，顺序一一对应。

2. 参数传递

参数传递的方向是由实参到形参。当形参变量为普通变量时，函数实参可以是变量、数组元素、表达式、常量等形式，函数形参为对应类型的变量。调用函数时，由系统给形参分配存储单元，存放从实参复制过来的数值。函数调用结束后，形参存储单元释放。例如下面的程序：

【示例 7-4】读程序写结果。

```c
#include <stdio.h>
void func1(int x)
{
  ++x;
  printf("%d",x);
}
int main()
{
  int n=10;
  func1(n);
  printf("%d",n);
  return 0;
}
```

程序的运行结果为：1110

程序中 main()函数调用 func1 函数时，把实参 n 的值 10（注意不是 n）传给了形参 x，x 在 func1 函数中进行增 1 运算，这时 x 的值发生了改变，但该值不能返回到实参 n 中，因为 x 是 func1 函数内部定义的变量，属于局部变量，调用函数时，系统为 x 变量在存储器的动态存储区分配存储空间，函数调用结束后，x 变量被释放，数值被清，故 n 值不变，体现了传值的单向性。该程序运行后的结果为：1110。

【示例 7-5】有以下程序：

```c
int fun()
{
  static int x=1;
  x*=2;
  return x;
}
int main()
```

```
{
    int i,s=1;
    for(i=1;i<=3;i++)
        s*=fun();
    printf("%d\n",s);
    return 0;
}
```

程序运行后的输出结果是（　　）。（二级考试真题 2011.3）

   A. 0　　　　　B. 10　　　　　C. 30　　　　　D. 64

正确答案：D

程序分析：函数 fun 中定义的 x 为静态变量（静态变量详见后面"变量的存储类别"部分解析），第一次调用函数时为其分配内存空间，函数调用结束后该空间不会被释放，所以main 函数中重复调用三次 fun()返回值分别是：2、4、8，程序运行最后的输出结果为 64。

（五）函数的返回值

在函数中由 return 语句返回。当 return 语句中的表达式的类型和函数类型不一致时，以函数类型为准。

【示例 7-6】读程序写结果。

```
#include <stdio.h>
int main()
{
    int max(float x,float y);
    float a,b; int c;
    scanf("%f,%f",&a,&b);
    c=max(a,b);
    printf("max is %d\n",c);
    return 0;
}
int max(float x,float y)
{
    float z;
    z=x>y?x:y;
    return(z);
}
```

程序的运行结果为：max is 10

程序分析：程序执行后，输入 3.5,10.6 回车；在函数 max 中，x 接收数据 3.5，y 接收数据 10.6，计算后变量 z 的值是实数 10.6，但是函数 max 的类型是 int，所以实际上需要将返回值由 float 类型转成 int 类型（此处转化是只取整数部分），所以程序最后输出的信息是：max is 10。

7.2 函数调用

（一）一般形式

一般形式：函数名([实参表])

（1）函数调用单独作为一个语句，如"funa(10);"。

（2）函数调用出现在另一个表达式中，如"c=max(a,b)+50;"。

（3）函数调用作为另一函数调用时的实参，如"m=max(a,max(b,c));"。

（二）函数调用的执行过程

1. 执行过程

（1）暂时中断主调函数的运行，转向被调函数。

（2）为被调函数的形参分配内存单元。

（3）计算主调函数实参的值，并传递给对应的形参。

（4）执行被调函数的函数体。

（5）释放被调函数形参的内存单元。

（6）返回主调函数调用位置的后续语句，继续运行。

2. 真题解析

【示例 7-7】有以下程序：（二级考试真题 2009.9）

```c
#include <stdio.h>
void fun(int p)
{
 int d=2;
 p=d++;
 printf("%d",p);
}
int main()
{
 int a=1;
 fun(a);
 printf("%d\n",a);
 return 0;
}
```

程序运行后的输出结果是（   ）。

    A. 32   B. 12   C. 21   D. 22

正确答案：C

程序分析：程序从 main()函数开始执行，当执行到 fun(a)时，main()函数执行中断，此处为断点，程序跳转到被调函数 fun()，实参 a 的值 1 传递给形参 p，开始执行被调函数，输出 p 的值 2，被调函数执行完毕，返回主调函数断点位置，继续往下执行，输出 a 的值 1，返回 0，程序运行结束。

（三）嵌套调用和递归调用

1. 嵌套调用

C 语言中不允许作嵌套的函数定义。因此各函数之间是平行的，不存在上一级函数和下一级函数的问题。但是 C 语言允许在一个函数的调用中出现对另一个函数的调用。这样就出现了函数的嵌套调用。即在被调函数中又调用其他函数。其关系表示如图 2-7-2 所示。

图 2-7-2　嵌套调用过程

图 2-7-2 中表示了两层嵌套的情形。其执行过程是：执行 main()函数中调用 a 函数的语句时，即转去执行 a 函数，在 a 函数中调用 b 函数时，又转去执行 b 函数，b 函数执行完毕返回 a 函数的断点继续执行，a 函数执行完毕返回 main()函数的断点继续执行。

2. 实例分析

对于课本中的例 7.9，作如下分析：

（1）本程序共定义 4 个函数：主函数 main()中输入 m 的值；函数 print 输出 m 遍符号；函数 pstar 输出一串星号；函数 pline 输出一串井号。

（2）对函数 pstar 和 pline 的声明放在了程序的最前面，后面定义的所有函数都可以不用声明而直接使用这两个函数。

int pstar(int);　　　/*函数声明*/

int pline(int);　　　/*函数声明*/

（3）执行从 main 函数开始，函数间调用关系如图 2-7-3 所示。

假如程序执行时输入 5，则执行过程如下：

① 执行 print(5)语句，转到 print 函数中；

② 开始时 k=1，i=1。

print 函数中的第一次循环：执行循环体第一句 k=pstar(1);，转到 pstar 函数中，输出一行星号（1 个*），然后返回到 print 函数，同时返回值 2 赋给 k；接着执行循环体第二句 k=pline(2);，转到 pline 函数中，输出一行井号（2 个#），然后返回到 print 函数，同时返回值 3 赋给 k；此次循环结束，i 加 1 变为 2。

print 函数中的第二次循环：此时 k=3，执行循环体第一句 k=pstar(3);，转到 pstar 函数中，输出一行星号（3 个*），然后返回到 print 函数，同时返回值 4 赋给 k；接着执行循环体第二句 k=pline(4);，转到 pline 函数中，输出一行井号（4 个#），然后返回到 print 函数，同时返回值 5 赋给 k；此次循环结束，i 加 1 变为 3。

依次执行第三次、第四次、第五次……循环。

③ 当 i=6 时，print 函数中的循环结束，继续往下执行后面的语句，此处是一个 return 语

句，将返回到 main 函数的调用位置，再继续往下执行 main 中的后续语句，程序结束。

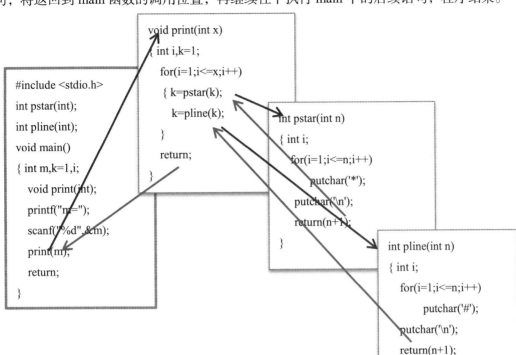

图 2-7-3　函数间调用关系

【注意】函数不能嵌套定义，但可以嵌套调用。

3. 递归调用

递归调用是嵌套调用的一种特殊情况。在调用一个函数的过程中，又直接或间接的调用该函数本身，称为函数的递归调用。递归调用可以分为两种：一种是直接递归调用，另一种是间接递归调用。

对于课本中的例 7.10：用递归法求 n!。我们作如下分析：

n!=n*(n-1)*(n-2)*…*2*1=n*(n-1)!

如：5!=5*4*3*2*1=5*4!

将求阶乘的函数定义为 fun()，则 5!=fun(5)=5*4*3*2*1=5*4!，而 4!也可以表示成4!=fun(4)=4*3*2*1=4*3!，因此 5!=5*fun(5-1)!。

图 2-7-4 为用函数 fun()求 5!的过程：

显然，这是一个递归问题。求解可分为两个阶段：第 1 阶段是"递推"，即将数 5 的阶乘表示为求数（5-1）的阶乘的函数，而数（5-1）的阶乘仍然还不知道，还要"递推"到数（5-2）的阶乘……直到数 1 的阶乘。此时 fun(1)已知，不必再向前推了。然后开始第二阶段，采用回归方法，从数 1 的已知阶乘推算出数 2 的阶乘（2），从数 2 的阶乘推算出数 3 的阶乘（6）……一直到推算出数 5 的阶乘（120）为止。也就是说，一个递归的问题可以分为"递推"和"回归"两个阶段。要经历若干步才能求出最后的值。显而易见，如果要求递归过程不是无限制进行下去，必须具有一个结束递归过程的条件。本例中，fun(1)=1 就是使递归结束的条件。

如果求 n!，只需将 5 换成 n 即可，即 fun(n)=n*fun(n-1)。

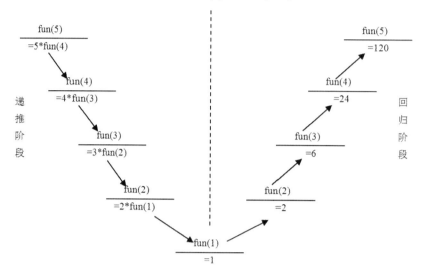

图 2-7-4　n=5 时的递归调用过程

4.　真题解析

【示例 7-8】设有如下函数定义：

```
int fun(int k)
{ if(k<1) return 0;
    else if(k==1) return 1;
    else return fun(k-1)+1;
}
```

若执行调用语句"n=fun(3);"，则 n 的值是（　　）。（二级考试真题 2014.3）

A．2　　　　　B．3　　　　　C．4　　　　　D．5

正确答案：B

程序调用过程如图 2-7-5 所示。

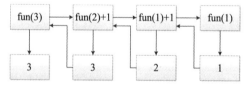

图 2-7-5　示例 7-8 函数调用过程

【示例 7-9】程序运行后的输出结果是（　　）。（二级考试真题 2010.9）

```
#include <stdio.h>
void fun(int x)
{
    if(x/2>1)
        fun(x/2);
    printf("%d",x);
```

```
}
main()
{
    fun(7);
    printf("\n");
}
```

  A. 1 3 7   B. 7 3 1   C. 7 3   D. 3 7

正确答案：D

程序调用过程如图 2-7-6 所示。

图 2-7-6　示例 7-9 函数调用过程

7.3　数组作为函数参数

（一）数组元素作为函数参数

数组元素作函数参数时，其用法与一般变量作函数参数时相同。但是数组元素只能作为函数的实参，而不能作为函数的形参。

（二）数组名作为函数参数

1. 地址传递

在 C 语言中，数组名是一个地址，而且是一个地址常量，它代表的是该数组元素的首地址，不是一个变量。当使用数组名作为实参时，实参的值就是数组的首地址，形参数组接收的也是该数组的首地址，被调函数通过形参数组的变化来访问主调函数中的数据。数组名作函数参数的实质是进行地址传递，形参和实参共用同一内存单元，分别给这块内存单元取了不同的名字。请看下面的例子：

【示例 7-10】运行以下程序并输出结果。

```
#include <stdio.h>
void func(int b[5])
{
    b[0]=5;b[1]=4;b[2]=3;b[3]=2;b[4]=1;
}
int main()
{
    int i;
    int a[5]={1,2,3,4,5};
    func(a);
    for(i=0;i<5;i++)
    printf("%4d",a[i]);
```

```
        printf("\n");
        return 0;
    }
```

运行结果为：5 4 3 2 1

程序分析：示例中实参与形参均为数组名，调用函数时，实参数组的首地址复制后给了形参数组，使形参数组名指向了实参数组，当改变形参数组元素值时，实参元素值必然改变，因为实参数组和形参数组是同一块存储单元。

【注意】

（1）数组名作为形参时，实参也需要是一个数组名，并且和形参数组类型一致。

（2）形参数组的长度可以与实参数组不同，形参数组的长度也可以不定义。

（3）调用时传递的是实参数组的首地址，形参数组值的改变会影响实参数组的值。

2. 真题解析

【示例 7-11】 有以下程序：

```
#include <stdio.h>
#define N 4
void fun(int a[][N], int b[])
{
    int i;
    for(i=0; i<N; i++)
        b[i]=a[i][i];
}
int main()
{
    int x[][N]={{1,2,3),{4},{5,6,7,8},{9,10}},y[N], i;
    fun(x,y);
    for (i=0; i<N; i++)
        printf("%d,", y[i]);
    printf("\n");
    return 0;
}
```

程序的运行结果是（　　）。（二级考试真题 2008.9）

A．1,2,3,4,　　　B．1,0,7,0,　　　C．1,4,5,9,　　　D．3,4,8,10,

正确答案：B

程序分析：程序从 main()开始执行，当调用函数 fun(x,y)时，实参数组和形参数组共用内存空间，即实参二维数组 x[][N]与形参二维数组 a[][N]共用数组空间，实参一维数组 y[N]与形参一维数组 b[]共用数组空间（如图 2-7-7 所示）。然后开始运行被调函数 fun()，把二维数组对角线上元素的值赋值给一维数组 b[](同时也是 y[]),调用结束后,返回主调函数断点位置，继续执行，输出数组 y[]的值（即 b[]的值）。

函数调用前：

函数调用后：

图 2-7-7　示例 7-11 地址传递示意图

7.4　变量的作用域及存储类别

（一）变量的作用域

1. 局部变量和全局变量

按照变量的作用范围分为局部变量和全局变量。同一作用域的变量不能重名；当局部变量与全局变量重名时，在局部变量的作用域内，全局变量被屏蔽。

【示例 7-12】读下面的程序，分析变量的作用范围。

```c
#include <stdio.h>
int a=3,b=5;         /*a、b 是全局变量，作用域是从此定义位置往后一直到程序结束*/
int main()
{
    int max(int a,int b);
    int a=8;
    printf("max=%d\n",max(a,b));       /*a 为局部变量，值是 8；b 为全局变量，值是 5 */
    return 0;
}
int max(int a,int b)                   /*调用时，传递进来数据 8 和 5*/
{
    int c;                  /*a、b、c 是局部变量，只在 max 函数内有效*/
    c=a>b?a:b;              /*此处的 a 是局部变量，值是 8；b 是局部变量，值是 5*/
    return(c);             /*返回值是 8*/
}
```

2. 真题解析

【示例 7-13】有以下程序：

```c
#include <stdio.h>
int a=1,b=2;                /*全局变量 a、b*/
void fun1(int a,int b)      /*局部变量 a、b*/
{
    printf("%d%d",a,b);     /*局部变量 a、b*/
```

```
}
void fun2()
{                         /*全局变量 a、b*/
    a=3;
    b=4;
}
main()
{ fun1(5,6);
    fun2();
    printf("%d%d\n",a,b);     /*全局变量 a、b*/
}
```

程序运行后的输出结果是（　　）。（二级考试真题 2016.3）

    A．1 2 5 6   B．5 6 3 4   C．5 6 1 2   D．3 4 5 6

正确答案：B

（二）变量的存储类别

变量的存储类型分为静态存储和动态存储，表示变量的生存期。静态存储是程序整个运行期间都存在，而动态存储则是在调用函数时临时分配单元。

在 C 语言中，对变量的存储类型说明有以下四种：

（1）auto：自动变量；

（2）register：寄存器变量；

（3）extern：外部变量；

（4）static：静态变量。

自动变量和寄存器变量属于动态存储方式，外部变量和静态变量属于静态存储方式。其中，重点内容为静态变量 static 类型。根据定义的位置可以分为静态局部变量和静态全局变量。

1. 静态局部变量

静态局部变量指的是在函数体内定义的 static 类型变量。这种变量兼具"静态"和"局部"两种特性。即：生存期为整个源程序执行期间，作用域仅在定义它的函数内部。

【示例 7-14】有以下程序：

```
#include <stdio.h>
void func(int n)
{
    static int num=1;
    num=num+n;
    printf("%d",num);
}
main()
{
    func(3);
```

```
func(4);
printf("\n");
}
```

程序运行后的输出结果是（　　）。（二级考试真题 2016.9）

  A．4 8   B．3 4   C．3 5   D．4 5

正确答案：A

程序分析：变量 num 虽然是局部变量，但因其是 static 类型，所以当函数调用结束时，num 的空间并不释放，而是一直存在，直到 main() 函数执行结束。程序从 main() 开始执行，调用 fun(3)，进入被调函数开始执行，num 值变为 4 并输出（此时，形参 n 被释放，num 依然存在），然后返回主调函数，继续执行 fun(4)，程序转向被调函数开始执行，形参 n 值为 4，num=num+n，此时 n 值为 4，num 的值为当前的 num 值 4，做加法后 num 的值变为 8。

2. 静态全局变量

静态全局变量指的是在函数体外面定义的 static 类型变量。这种变量兼具"静态"和"全局"两种特性。即：生存期为整个源程序执行期间，作用域从定义的位置开始一直到整个程序结束。

7.5　实例

编写 4 个子函数分别求两个整数的和、差、积、商。主函数要求：输入+、-、*、/任意一个运算符和两个整数（比如，输入 2+5 回车），计算出正确的结果。

（一）问题分析

本题共需设计 5 个函数，在 main 中调用其他 4 个，可以考虑将其他 4 个函数放在 main 之前定义。根据定义，函数需要的 4 个要素为：求和函数返回值类型为 int，名字取 add，参数有两个都为 int 类型，执行语句为加法运算并返回结果。因此设计求和函数 add 如下：

```
int add(int x,int y)
{
 return(x+y);
}
```

其他 3 个子函数设计方法类似。

（二）完整程序

```
#include <stdio.h>
int add(int x,int y)    /*两个数之和*/
{
    return(x+y);
}
int sub(int x,int y)    /*两个数之差*/
{
    return(x-y);
}
intmul(int x,int y)    /*两个数之积*/
```

```
{
    return(x*y);
}
int div(int x,int y)    /*两个数之商*/
{
    return(x/y);
}
int main()              /*主函数*/
{
    int a,b,c;
    char ch;
    while(1)                /*可以多次输入，输入 N 或 n 结束*/
    {
        printf("input your expression(like 2+5):");
        scanf("%d%c%d",&a,&ch,&b);
        switch(ch)
        {
            case'+':c=add(a,b);break;
            case'-':c=sub(a,b);break;
            case'*':c=mul(a,b);break;
            case'/':c=div(a,b);break;
            default: printf("error!\n");
        }
        printf("%d%c%d=%d\n",a,ch,b,c);
        printf("continue?(Y/N): ");
        getchar();
        ch=getchar();
        if(ch=='N'||ch=='n') break;
    }
    return 0;
}
```

重点难点分析

本章的重点内容包括函数的返回值类型，参数的类型，以及调用函数时的形式；函数间的数据传递方式；形参实参的结合规则；变量的作用域和存储类别。难点是实参和形参之间传数值和传地址的差别；函数的嵌套调用和函数的递归调用；变量的存储类别。

理解模块化程序设计方法，对函数的使用熟练之后，就能体会到函数的运用会给编程带来极大的便利，使得程序易于调试和维护。

部分课后习题解析

1. 定义、递归调用　　2. 单向值传递、首地址　　3. 全局变量、局部变量

4. A

C 语言中函数返回值的类型是由定义函数时指定的类型决定的。如果定义时省略函数类型，则默认是 int 类型。

5. D　　6. A

7. 参考程序：

```
int d_sum(int x)
{
    int i,s=0;
    while(x!=0)
    {
        i=x%10;
        s=s+i;
        x=x/10;
    }
    return s;
}
```

8. 参考程序：

```
#include <stdio.h>
int gys(int x,int y)    /*最大公约数函数*/
{
    int t,r;
    if(x<y)    {t=x;x=y;y=t;}
    while((r=x%y)!=0)
    {x=y; y=r;}
    return y;
}
int gbs(int x,int y)    /*最小公倍数函数*/
{
    return x*y/gys(x,y);
}
int main()
{
    int m,n;
    printf("input m,n:");
    scanf("%d%d",&m,&n);
    printf("最大公约数:%d,最小公倍数:%d\n",gys(m,n),gbs(m,n));
```

```
        return 0;
    }
```
9. 参考程序：
```c
#include <stdio.h>
void showabc()
{
    int a,b,c;
    for(a=0;a<=9;a++)
        for(b=0;b<=9;b++)
          for(c=0;c<=9;c++)
          if((a*100+b*10+c+b*100+c*10+c)==1334)
                printf("%d %d %d\n",a,b,c);
}
int main()
{
    showabc();
    return 0;
}
```
10. 参考程序：
```c
#include <stdio.h>
int main()
{
    float a[10];
    void fun(float x[],int n);
    int i;
    for(i=0;i<10;i++)
        scanf("%f",&a[i]);
    fun(a,10);
    return 0;
}
void fun(float x[],int n)
{
    int i;
    float max,min,ave,sum;
    sum=min=max=x[0];
    for(i=1;i<10;i++)
    {
        if(x[i]>max)
            max=x[i];
        if(x[i]<min)
```

```
            min=x[i];
        sum+=x[i];
    }
    ave=sum/n;
    printf("ave=%.2f,min=%.2f,max=%.2f\n",ave,min,max);
}
```

11. 参考程序：

```
#include <stdio.h>
int sushu(int n)
{
    int i,a,b,c;
    a=n%10;
    b=n/10%10;
    c=n/100;
    for(i=2;i<=n-1;i++)
        if(n%i==0) break;
        if(i==n&&((a+b)%10==c))    return 1;
        else return 0;
}
int sum(int n)
{
    int i,s=0;
    while(n)
    {
        s=s+n%10;
        n=n/10;
    }
    return s;
}
int main()
{
    int i;
    for(i=100;i<=1 000;i++)
        if(sushu(i)==1)
            printf("%d    %d\n",i,sum(i));
    return 0;
}
```

12. 参考程序：

```
void fanxu(char a[])
{
```

```
    int n,m,i;
    char ch;
    for(n=0;a[n]!='\0';n++);
        for(i=0,m=n/2-1;i<=m;i++)
        {ch=a[i];a[i]=a[n-1-i];a[n-1-i]=ch;}
}
```

13. 参考程序：

```
#include <stdio.h>
#include <string.h>
int zm=0,sz=0,kg=0,qt=0;        /*提示：将存放字符个数的变量定义成全局变量*/
void tongji(char a[])
{
    int i=0;
    char c;
    while((c=a[i])!='\0')
    {
        if(c>='a'&&c<='z'||c>='A'&&c<='Z') zm++;
        else if(c>='0'&&c<='9') sz++;
        else if(c==' ') kg++;
        else qt++;
        i++;
    }
}
int main()
{
    char a[80];
    gets(a);
    tongji(a);
    printf("zimu:%d;shuzi:%d;kongge:%d;qita:%d\n",zm,sz,kg,qt);
    return 0;
}
```

14. （略）

15. 【提示】n 值由主函数输入，利用递归函数调用完成程序。

参考程序：

```
#include <stdio.h>
int age(int n)
{
    int a;
    if(n==1) a=10;
    else    a=age(n-1)+2;
```

```
        return a;
    }
    int main()
    {
        int n;
        scanf("%d",&n);
        printf("第%d 个同学%d 岁",n,age(n));
        return 0;
    }
```

练习题

一、填空题

1. C 语言规定，可执行程序的开始执行点是_____。

2. 在 C 语言中，一个函数由_____和_____两部分组成，而后者一般包括声明部分和执行部分。

3. 函数的递归调用不过是一个函数_____或_____地调用它自身。

4. 函数调用时，参数的传递方向是由_____到_____。

5. 数组元素作函数参数时，是_____传递，数组名作函数参数时，是_____传递。

二、选择题

1. 函数的形式参数隐含的存储类型说明是（　　）。

　　A．extern　　　　　B．static　　　　C．register　　　　　D．auto

2. 若用数组名作为函数的实参，传递给形参的是（　　）。

　　A．数组的首地址　　　　　　　　B．数组第一个元素的值

　　C．数组中全部元素的值　　　　　D．数组元素的个数

3. 以下对 C 语言函数的描述中，正确的是（　　）。

　　A．C 程序必须由一个或一个以上的函数组成

　　B．C 函数既可以嵌套定义又可以递归调用

　　C．函数必须有返回值，否则不能使用函数

　　D．C 程序中有调用关系的所有函数必须放在同一个程序文件中

4. 以下错误的描述是：函数调用可以（　　）。

　　A．出现在执行语句中　　　　　B．出现在一个表达式中

　　C．作为一个函数的实参　　　　D．作为一个函数的形参

5. 在调用函数时，如果实参是简单变量，它与对应形参之间的数据传递方式是（　　）。

　　A．地址传递　　　　　　　　　　　　　B．单向值传递

　　C．由实参传给形参，再由形参传回实参　　D．传递方式由用户指定

6. 关于建立函数的目的，以下正确的说法是（　　）。

　　A．提高程序的执行效率　　　　B．提高程序的可读性

　　C．减少程序的篇幅　　　　　　D．减少程序文件所占内存

7. 以下正确的说法是：在 C 语言中（　　）。

　　A．实参和与其对应的形参各占用独立的存储单元

B．实参和与其对应的形参共占用一个存储单元

C．只有当实参和与其对应的形参同名时才共占用存储单元

D．形参是虚拟的，不占用存储单元

8．用户定义的函数不可以调用的函数是（   ）。

    A．非整型返回值的   B．本文件外的

    C．main 函数   D．本函数下面定义的

9．以下正确的说法是（   ）。

    A．用户若需调用标准库函数，调用前必须重新定义

    B．用户可以重新定义标准库函数，若如此，该函数将失去原有含义

    C．系统根本不允许用户重新定义标准库函数

    D．用户若需调用标准库函数，调用前不必使用预编译命令将该函数所在文件包括到用户源文件中，系统自动去调

10．下列说法不正确的是（   ）。

    A．主函数 main 中定义的变量在整个文件或程序中有效

    B．不同函数中可以使用相同名字的变量

    C．形式参数是局部变量

    D．在一个函数内部，可以在复合语句中定义变量，这些变量只在复合语句中有效

11．下面程序的输出结果是（   ）。

```
#include <stdio.h>
int global=100;
fun()
{
  int global=5;
  return ++global;
}
void main()
{
  printf("%d\n",fun());
}
```

    A．100   B．101   C．5   D．6

三、程序设计

1．编写一个函数，判断 a 是否为素数。

2．编写一个函数，用“冒泡法”对输入的 10 个字符按由小到大的顺序排序。

第8章 指 针

知识框架图

知识框架图如图 2-8-1 所示。

图 2-8-1　知识框架图

知识点介绍

8.1　地址和指针的概念

C 语言编译系统为了管理内存，给内存中的每个字节设置一个编号，存储空间的编号就是地址。

计算机内存单元都有地址编号，可以通过地址编号找到相应的内存单元，C 语言中把这个地址称为指针，即指针就是内存地址。

8.2　指针变量的定义和引用

（一）指针变量的定义

1. 定义形式

[*存储类型*] 类型说明符　*变量名 1[, *变量名 2[, ……]]；

2. 说明

（1）存储类型：可以是一般数据类型，即整型、实型、字符型等，也可以是构造类型，如数组、结构、共用体等，还可以是指针。

（2）指针变量的命名符合标识符命名规则。

（3）指针变量定义时，变量名前有一个"*"，表示该变量是指针变量，即"*"是指针说明符。

（4）不同类型数据在内存中所占空间不同，所以指针变量只能指向与其相同类型的变量。

（二）指针变量的引用

1. 取地址运算符

"&"是单目运算符，作用对象为变量，用来获得变量的地址，结果是一个地址值。可以把获得的地址赋值给同一种类型的指针变量。

  如： int a,*p;

      p=&a;

取地址运算符"&"只能作用于变量，包括基本类型的变量、数组元素、结构变量等，不能作用于数组名、常量或寄存器变量等。C语言中数组名是数组的首地址，是一个地址常量。

2. 取内容运算符

"*"是单目运算符，作用对象为指针变量，用来间接访问所指对象，即访问存入指针变量中的地址所对应的数据。

  如： int a,b,*p; /*注意：此处的*不是运算符，只是一个标记，指明p为指针变量*/

      a=4;

      p=&a;   /*将变量a的地址赋值给指针变量p*/

      b=*p;   /*将指针变量p所指的数据赋值给变量b*/

3. 二者关系

"&"与"*"互为逆运算，因此同一种结果可有多种表示形式。

  如：int a,*p;

     p=&a;

那么：a=5;

     *p=5;

     *(&a)=5;

三种操作的作用是相同的。

（三）指针的运算

1. 移动指针

（1）指针加减整数。

指针变量加上一个整数n时表示它以运算数的地址值为基点，向前移动n个数据的地址；减去一个整数n时表示向后移动n个数据的地址。

（2）指针自增减。

- ++p 表示指针先向前移一个数据地址再引用。
- p++表示先使用指针再向前移一个数据地址。
- --p 表示指针先向后移一个数据地址再引用。
- p--表示先使用指针再向后移一个数据地址。

指针的自增减可与取内容运算符"*"配合使用，自增、自减、取内容运算符的结合性都是自右向左，可用括号改变运算顺序。

- *++p 和*(++p)表示指针先向前移动一个数据地址再获取指针变量指向的单元内容。
- *p++和*(p++)表示先获取指针指向的单元内容再将指针向前移动一个数据地址。
- (*p)++表示先获取指针指向的单元内容再将内容数据加1。

- *--p 和*(--p)表示指针先后移一个数据地址,然后再获取指针变量指向的单元内容。
- *p--和*(p--)表示先获取指针变量指向的单元内容再后移一个数据地址。
- (*p)--表示先获取指针变量指向的单元内容再将内容数据减 1。

2. 真题解析

【示例 8-1】有以下程序:(二级考试真题 2016.3)

```
#include <stdio.h>
#include <stdlib.h>
int main()
{
    int *a,*b,*c;
    a=b=c=(int *)malloc(sizeof(int));
    *a=1;*b=2;*c=3; a=b;
    printf("%d,%d,%d\n",*a,*b,*c);
    return 0;
}
```

程序运行后的输出结果是( )。

A.1,1,3   B.2,2,3   C.1,2,3   D.3,3,3

正确答案:D

程序分析:当程序执行到*a=1 时,a、b、c 的值为 1;执行到*b=2 时,a、b、c 的值为 2;执行到*c=3 时,a、b、c 的值为 3。a、b、c 指向同一地址空间,三次赋值都是对同一地址的值进行修改,所以,a、b、c 指向的地址的值最后为 3,所以结果是 D。

8.3 数组和指针

(一)一维数组指针

1. 指向一维数组的指针

在如下的定义中:

int a[10];

int *p;

p=&a;

p 为指向一维数组的指针。

2. 数组元素的引用

(1)数组首地址的表示为:p、a、&a[0]。

(2)数组下标为 i 的元素地址表示为:&a[i]、a+i、p+i。

(3)数组下标为 i 的元素表示为:a[i]、*(a+i)、*(p+i)、p[i]。

(4)当同一类型的指针变量指向数组的首地址时,可以通过指针变量的加减运算引用数组元素,运用取内容运算符获取元素值。数组下标引用与指针引用的作用是相同的。

(5)对于数组元素,可以利用指针变量的自增、自减运算逐个访问。C 语言规定,当指针变量 p 指向数组的某个元素时,p++表示指向数组的下一个元素,p—表示指向数组的上一个元素。

3. 真题解析

【示例 8-2】设有定义：double x[10],*p=x;，以下能给数组 x 下标为 6 的元素读入数据的正确语句是（   ）。（二级考试真题 2011.3）

    A．scanf("%f",&x[6]);   B．scanf("%lf",*(x+6));

    C．scanf("%lf",p+6);   D．scanf("%lf",p[6]);

正确答案：C

程序分析：p 为指向数组 x 的指针，*p=x，p 指向数组的首地址。p+6 表示数组的第 6 个元素的地址，所以 C 正确。因为数组 x 为 double 类型，所以在输入时的格式符应该为"%lf"，因此 A 不对。B 和 D 选项中，后面的参数应该是表示地址的量。

（二）二维数组指针

1. 二维数组

二维数组可以当作特殊的一维数组进行处理，二维数组名代表特殊的一维数组的首地址，也是一个指针常量。二维数组可看作是一维数组，数组的每一个成员又是一个一维数组，成员一维数组的第一个元素又可以看作是每行的首地址。

比如定义二维数组：int a[3][5];，则可以把它看成一个由 a[0]、a[1]、a[2] 三个元素构成的一维数组 a，其中每一个元素 a[0]、a[1]、a[2] 不是普通元素，而是一个由 5 个元素构成的一维数组，如图 2-8-2 所示。

图 2-8-2　二维数组示意图

（1）二维数组的首地址为：a、a[0]、&a[0][0]。

（2）二维数组第 i 行的首地址为：a[i]、*(a+i)。

（3）二维数组第 i 行第 j 列元素的地址为：&a[i][j]、a[i]+j、*(a+i)+j、a+i*h+j（h 表示每行元素个数）。

（4）二维数组第 i 行第 j 列元素：a[i][j]、*(a[i]+j)、*(*(a+i)+j)、*(a+i*h+j)（h 同上）。

2. 指针变量指向二维数组的某个元素

int a[3][4],*p;

p=a;   /*或者 p=&a[0][0];*/

以上代码中定义了二维数组 a，同类型的指针变量 p，p=a（即 p 是指向二维数组的指针），那么：

二维数组第 i 行第 j 列元素的地址为：&a[i][j]、a[i]+j、p+i*4+j（4 是每行元素个数）。

二维数组第 i 行第 j 列元素表示为：a[i][j]、*(a[i]+j)、(*(a+i))[j]、*(*(a+i)+j)、*(p+i*4+j)（4 同上）。

3. 指针变量指向二维数组行

（1）行指针的定义。

一般形式：类型说明符 (*指针变量名)[长度]

如　int (*p)[4];　　　/*表示指针 p 指向的行具有 4 个元素*/

　　int a[2][3];

　　p=a;

此时 p 称为二维数组的行指针，指向二维数组中的一维数组（第一行）。

二维数组第 i 行第 j 列元素的地址为：&a[i][j]、a[i]+j、*(p+i)+j。

二维数组元素的第 i 行第 j 列元素表示为：a[i][j]、*(a[i]+j)、(*(a+i))[j]、*(*(a+i)j)、p[i][j]、*(p[i]+j)、(*(p+i))[j]、*(*p+i)+j)。

（2）用行指针访问二维数组。

在定义了行指针以后，访问数组元素的主要等价形式见表 2-8-1。

表 2-8-1　用行指针访问二维数组元素地址及数据的各种等价形式

对象	数组元素 a[0][0]		数组元素 a[i][j]	
访问方式	数组名	指针	数组名	指针
地址访问形式	a &a[0][0] a[0] &a[0]	p &p[0][0] p[0] &p[0]	&a[i][j] a[i]+j *(a+i)+j	&p[i][j] p[i]+j *(p+i)+j
数据访问形式	a[0][0] *(a[0]) **a (*a)[0]	p[0][0] *(p[0]) **p (*p)[0]	a[i][j] *(a[i]+j) *((*a+i)+j) (*(a+i))[j]	p[i][j] *(p[i]+j) *((*p+i)+j) (*(p+i))[j]

（三）指针数组

1. 指针数组的定义

若一个数组的元素值为指针，则该数组是指针数组。指针数组是一组有序的指针的集合。指针数组的所有元素都必须是具有相同存储类型和指向相同数据类型的指针变量。

2. 一般形式

类型说明符 *数组名[数组长度]

如：int *pa[3];

表示 pa 是一个指针数组，它由 3 个数组元素组成，每个元素值都是一个指针，指向整型变量。"[]"的优先级要比"*"高，因此 pa 先与[3]结合，形成 pa[3]的形式，这显然是数组形式，然后再与"*"结合，表示此数组是指针类型的。

3. 示例解析

【示例 8-3】分析程序的运行情况。

```
#include <stdio.h>
int main()
{
    int a[3][3]={1,2,3,4,5,6,7,8,9};
    int *pa[3]={a[0],a[1],a[2]};          /*指针数组 pa 里面存放二维数组 a 每行的首地址*/
```

```
    int i,j;
    for(i=0;i<3;i++)
      {
        for(j=0;j<3;j++)
            printf("%d\t", *(pa[i]+j));   /* *(pa[i]+j)表示每一个数组元素*/
        printf("\n");
      }
    return 0;
}
```

该程序运行结果如图 2-8-3 所示。

图 2-8-3　示例 8-3 运行结果

4. 区分

"int (*p)[3];"表示一个指向二维数组的行指针变量。该二维数组的列数为 3 或每行数组元素个数为 3。

"int *p[3];"表示 p 是一个指针数组，3 个下标变量 p[0]、p[1]、p[2]均为指针变量。

（四）指向数组的指针作函数参数

1. 数组作实参的几种情况分析

如果有一个实参数组，想在函数中改变此数组的元素的值，实参与形参的对应关系有以下 4 种：

（1）形参和实参都是数组名。

```
int main()
{
  int a[10];
   …
   f(a,10);
   …
}
void f(int x[ ],int n)
{
   …
}
```

（2）实参用数组名，形参用指针变量。

```
int main()
{
  int a[10];
   …
```

```
    f(a,10);
    …
}
void f(int *x,int n)
{
    …
}
```

（3）实参、形参都用指针变量。

```
int main()
{
 int a[10],*p=a;
    …
    f(p,10);
    …
}
void f(int *x,int n)
{
    …
}
```

（4）实参为指针变量，形参为数组名。

```
int main()
{
 int a[10],*p=a;
    …
    f(p,10);
    …
}
void f(int x[ ],int n)
{
    …
}
```

2. 例题解析

【例 8.15】对例 8.14 做一些改动，将函数 inv()中的形参 x 改成指针变量。

算法分析：设两个指针变量 i、j，开始时 i 指向数组头，j 指向数组尾，将两个元素对换，并使 i 指向数组的第二个位置，j 指向 n-1 位置，再次对换，并修改指针的指向，直到 i=(n-1)/2 为止。过程见课本图 8-6。

程序实现如下：

```
#include <stdio.h>
void inv(int *x,int n)                    /*形参 x 为指针变量*/
{
```

```
        int *p,temp,*i,*j,m=(n-1)/2;
        i=x;j=x+n-1;p=x+m;          /*i 指向数组 x 头，j 指向数组尾，p 指向中间位置*/
        for(;i<=p;i++,j--)          /*循环交换 i 和 j 指向的数组元素*/
        {
            temp=*i;
            *i=*j;
            *j=temp;
        }
        return;
    }
int main()
{
    int i,a[10]={3,7,9,11,0,6,7,5,4,2};
    printf("The original array:\n");
    for(i=0;i<10;i++)
        printf("%d,",a[i]);
    printf("\n");
    inv(a,10);
    printf("The array has benn inverted:\n");
    for(i=0;i<10;i++)
        printf("%d,",a[i]);
    printf("\n");
    return 0;
}
```

本题是使指针指向数组元素，通过对指针的操作实现对数组元素的操作。在绝大多数情况下，指针与数组相比，没有效率上的优势，有时反而更慢。指针的真正优势是灵活、好用。

8.4　字符串和指针

（一）用指针处理有名字符串

1. 有名字符串

如果将一个字符串放在字符型数组中，这个字符串就是有名字符串，其名字就是数组名。有名字符串被分配在一片连续的存储单元中，以数组名作为这片存储空间的首地址。

2. 处理方法

定义指针让其指向字符型数组,通过对指针的操作来完成对字符串的操作。如课本例 8.28。

```
#include <stdio.h>
int main()
{
    char s[20],t[]="I am a student";
    char *s1=s,*t1=t;
```

```
while(*s1++=*t1++)
    ;           /*此处循环体为空语句*/
printf("%s",s);
printf("%s\n",t);
return 0;
}
```

（二）用指针处理无名字符串

1. 无名字符串

当程序中出现字符串常量时，C 编译系统将其安排在内存的常量存储区。虽然字符串常量也占用一片连续的存储空间，也有自己的首地址，但是这个首地址没有名字，也就无法在程序中对其加以控制和改变，故称之为无名字符串。

2. 处理方法

定义一个字符型指针，并且用字符串常量对其进行初始化，或者用字符串常量直接对其赋值，那么该指针就存放了无名字符串的首地址，即该指针指向无名字符串。

比如：char *string="I love China!";

3. 用指针处理无名字符串应注意的几个问题

（1）无论通过初始化还是赋值方式使指针指向某个无名字符串时，指针中存放的只是字符串的首地址而不是该字符串。

（2）字符型指针处理无名字符串时，由于每个无名字符串都占用各自的存储区，即使两个字符串完全相同，它们的地址也不一样，因此当一个指针多次赋值后，该指针将指向最后赋值的字符串，原先存放的字符串就不能再用该指针变量继续访问。

（3）单独使用指针只能处理字符串常量，不能通过输入的方式处理任意字符串。

（三）使用字符串指针变量与字符数组的区别

1. 区别

字符串本身是存放在从该首地址开始的一片连续的内存空间中的，它以'\0'作为字符串的结束。而字符串指针变量本身是一个变量，用于存放字符串的首地址。字符数组是由若干个数组元素组成的，它可用来存放整个字符串。

指针可以整体赋值，而数组只能在定义时整体赋初值，不能在赋值语句中整体赋值，只能各元素逐一赋值。

如果定义了一个字符型数组，在编译时为其分配存储单元，那么它就有确定的地址。而定义一个字符型指针变量时，给指针变量分配存储单元，可以存放一个字符变量的地址或字符串的首地址，即该指针变量可以指向一个字符型数据或者字符串，但若未对该存储单元赋值（地址值），则它并未具体指向一个确定的字符型数据或字符串。

2. 例题解析

【例 8.34】在输入的字符串中查找有无字符 k。

算法分析：依次比较字符串的各个字符，如有 k 则查找成功，如无则返回无 k。

```
#include <stdio.h>
int main()
{
```

```
    char st[20],*ps;                        /*定义数组 st 和指针 ps*/
    int i;                                  /*计数器 i*/
    printf("input a string:\n");
    ps=st;                                  /*ps 指向数组 st*/
    scanf("%s",ps);
    for(i=0;ps[i]!='\0';i++)                /*依次比较数组中各个字符是否为 k*/
        if(ps[i]=='k')
          {
             printf("there is a 'k' in the string\n");
             break;
          }
    if(ps[i]=='\0')
        printf("there is no 'k' in the string\n");
    return 0;
}
```

（四）真题解析

【示例 8-3】下列语句中，正确的是（   ）。（二级考试真题 2016.3）

    A．char *ss＝"Olympic";   B．char s[7]; s＝"Olympic";

    C．char *s;s＝{"Olympic"};   D．char s[7]; s＝{"Olympic"};

正确答案：A

程序分析：字符串赋值时，指针可以整体赋值，而数组只能在定义时整体赋初值，不能在赋值语句中整体赋值，只能各元素逐一赋值，所以只有 A 选项正确。

8.5　指针与函数

（一）函数指针变量

1. 定义

格式：数据类型（*指针变量名）（函数参数列表）

如：　　int (*a)(int,int);

　　　　float (*b)( );

其中，数据类型表示的是指针所指函数返回值的类型，定义的函数指针变量的类型必须与指针函数的返回值类型一致，否则不能指向该函数。

与指向数组的指针类似，定义的是指向函数的指针，因此，"* 指针变量名"必须用括号括起来，"()"的优先级高于"*"。

"(函数参数列表)"与指针所指函数一致，函数参数的个数或者有无参数列表与指针变量所指函数有关。

"* 指针变量名"相当于代替了函数名，二者是等价的，在程序中可以使用指针变量调用函数，也可使用函数名调用函数。

2. 函数指针赋值

（1）定义函数指针的同时为其赋值。

数据类型 函数声明,(*指针变量名)( )=函数名;

如：float sum(float,float),(*p)( )=sum;

（2）函数指针先定义再赋值。

如：float sum(float,float),(*p)(float,float);

      p=sum;

赋值给函数指针变量的值只能是某个已经定义好的函数名，其返回值类型要和指针变量的数据类型一致。

函数指针与数据指针不能互相赋值。

3. 用函数指针调用函数

调用函数的一般形式为：

(*指针变量名)(实参表);

如：float sum(float,float),(*p)(float,float);

      p=sum;

      z=(*p)(x,y);   /*此处用函数指针进行了函数调用*/

4. 注意事项

（1）函数的调用可以通过函数名调用，也可以通过函数指针调用。

（2）函数指针变量不能进行算术运算，这是与数组指针变量不同的。数组指针变量加减一个整数可使指针移动指向后面或前面的数组元素，而函数指针的移动，如 p++、p+n、p-- 等运算是无意义的。

（3）函数调用中"(*指针变量名)"两边的括号不可少，其中的"*"不应该理解为求值运算，在此处它只是一种表示符号。

（二）指针型函数

1. 指针型函数的定义

指针型函数是指函数的返回值为指针类型的函数。

2. 一般形式

```
类型说明符 *函数名(形参表)
{
        ……            /*函数体*/
}
```

此时，函数名首先与括号"()"结合构成函数，然后再与"*"结合，标示函数为指针类型。函数的返回值是地址。

3. 例题解析

【例 8.42】输入一个 1~7 之间的整数，输出对应的星期名。

题目分析：本题可定义一个静态指针数组 name 并初始化赋值为 8 个字符串，分别表示各个星期名及出错提示信息。形参 n 表示与星期名所对应的整数。在主函数中，把输入的整数 i 作为实参，在 printf 语句中调用 day_name 函数并把 i 值传送给形参 n。day_name 函数中的 return 语句包含一个条件表达式，n 值若大于 7 或小于 1，则把 name[0]指针返回主函数，输出出错提示字符串"Illegal day"，否则返回主函数输出对应的星期名。

```
#include <stdio.h>
```

189

```
#include <stdlib.h>
char *day_name(int n)
{
    static char *name[]={"Illegal day",          /*定义静态指针数组*/
                        "Monday",
                        "Tuesday",
                        "Wednesday",
                        "Thursday",
                        "Friday",
                        "Saturday",
                        "Sunday"
                        };
    return((n<1||n>7) ? name[0]: name[n]);
}
int main()
{
    int i;
    char *day_name(int n);          /*day_name 为指针型函数*/
    printf("input Day No:\n");
    scanf("%d",&i);
    if(i<0)
       exit(1);
    printf("Day No:%2d-->%s\n",i,day_name(i));
    return 0;
}
```

4. 函数指针和指针型函数的区别

int (*p)( )：是一个函数指针变量，本身是一个指向函数的指针，(*p)两边的括号不可省。

int *p( )：是一个指针型函数，本身是一个函数，返回值是指针。

8.6 指向指针的指针

1. 定义

如果一个指针变量存放的又是另一个指针变量的地址，则称这个指针变量为指向指针的指针变量，也称为"二级指针"。

2. 格式

数据类型 **指针变量名;

如：float **p;

其中，"**"是二级指针的说明标志，指针变量名就是所定义的二级指针变量。

3. 使用

二级指针指向的是指针变量的地址，不能直接指向数据对象，因此二级指针必须与一级指针配合使用。二级指针与指针数组配合使用可以用于处理二维数组。

如：int a[2][3];

  int *p[2],**pp;

  p[0]=a[0];　　　/*指针数组的第一个元素，即指向数组 a 的第一行*/

  p[1]=a[1];　　　/*指针数组的第二个元素，即指向数组 a 的第二行*/

  pp=p;　　　　　/*二级指针指向指针数组的首地址*/

那么：

数组 a 第 i 行的首地址可表示为：a[i]、p[i]、*(pp+i)。

数组 a 第 i 行第 j 列元素的地址可表示为：&a[i][j]、a[i]+j、p[i]+j、*(pp+i)+j。

数组 a 第 i 行第 j 列元素的值可表示为：a[i][j]、*(a[i]+j)、*(p[i]+j)、*(*(pp+i)+j)。

8.7 用指针进行动态内存分配

（一）内存申请函数 malloc

1. 函数原型

void *malloc(size_t number_of_bytes);

其中,number_of_bytes 是申请的字节数(size_t 在 stdlib.h 中的定义一般是 unsigned int)。函数 malloc()返回 void 型指针，表示可以赋给各类指针，具体到特定问题的使用时，可以通过强制类型转换将该地址转换成某种数据类型的地址。成功的 malloc()调用返回指针，指向由堆中分得的内存区的第一个字节。当堆中内存不够时调用失败，返回 NULL 或 0。

2. 使用

申请 500 个 float 型数据的动态内存，可以使用以下代码段来实现：

float *p;

p=(float *)malloc(500*sizeof(float));

if(p==NULL)　　　/*申请失败*/

    exit(1);

如果申请成功，可以得到供 500 个实型数据分配的动态内存的起始地址，并把此起始地址赋给指针变量 p，利用该指针就可以对该区域里的数据进行操作或运算。若申请不成功，则退出程序，返回操作系统。

3. 说明

因为堆的空间是有限的，所以分配内存后都必须检查 malloc()的返回值，确保指针使用前它是非 NULL（空指针）。因为空指针常常会造成程序瘫痪。代码实现：

p=malloc(100);

if(!p)

{

printf("Out of memory!\n");

exit(1);

}

（二）释放内存函数 free

1. 函数原型

void free(void *p);

其中，p 是指向先前使用 malloc()分配的内存的指针。由于函数没有返回值，故定义为 void 型。这里要注意的是：绝对不能用无效指针调用 free()函数，否则将破坏自由表。

2. 例题分析

【例 8.46】编写程序利用动态内存分配存放 n 个整数的一维数组，n 的值在程序运行过程中指定，然后从键盘输入任意 n 个整数存入该数组中，并计算其各个元素的平方和。

算法分析：先用 scanf()函数输入 n 的值，然后用 calloc()函数申请能存放 n 个 int 型数据的动态内存。若申请成功，就得到动态内存的首地址，并将该地址赋给指针变量 p，通过移动指针存入 n 个整数，再通过移动指针取出各数并计算它们的平方和。

```c
#include <stdlib.h>
#include <stdio.h>
int main()
{
    int n,s,i,*p;
    printf("Enter the demension of array: ");
    scanf("%d",&n);                              /*输入 n 值*/
    if((p=(int *)calloc(n,sizeof(int)))==NULL))  /*判断是否申请空间成功，若不成功则提
                                                    示分配不成功*/
    {
        printf("Not able to allocate memory.\n");
        exit(1);
    }
    printf("Enter %d values of array:\n",n);
    for(i=0;i<n;i++)                /*输入数值*/
        scanf("%d",p+i);
    s=0;
    for(i=0;i<n;i++)
        s=s+*(p+i)*(*(p+i));        /*计算平方*/
    printf("%d\n",s);
    free(p);                        /*释放指针*/
    return 0;
}
```

✎ 重点难点分析

本章的重点是掌握指针、地址、指针类型、空指针（NULL）等概念；掌握指针变量的定义和初始化、指针的间接访问、指针的加减运算、指针变量的比较运算和指针表达式；掌握指针与数组、函数、字符串等的联系。难点是指针变量和普通变量的区别；利用指针变量的运算和利用指针操作数组、字符串和函数。初学指针时指针的指向位置易搞错，建议大家多练习，可通过手动画内存表示的方式帮助理解指针的指向。

部分课后习题解析

1. P、地址

2. char *p=&ch;、*p='a';

3. p[3]、*(a+3)、*(p+3)

4. A   5. C

6. 参考程序:

```c
#include <stdio.h>
void swap(int *a, int *b);    /*交换两个数*/
int main()
{
    int str[10];
    int i,j;
    /*初始化数组*/
    for(i=0;i<10;i++)
        scanf("%d",&str[i]);
    /*排序，从 a[0]开始排，从小到大*/
    for(i=0;i<10;i++)
        for (j=i+1;j<10;j++)
            if(str[i]>str[j])
                swap(&str[i], &str[j]);
    /*将 10 个数输出*/
    for(i=0;i<10;i++)
        printf("%d\n",str[i]);
    return 0;
}
void swap(int *a, int *b)
{
    int c;
    c=*a;
    *a=*b;
    *b=c;
}
```

7. 参考程序:

```c
#include <stdio.h>
void swap(int *pa,int *pb)
{
    int temp;
    temp=*pa;
```

```
      *pa=*pb;
      *pb=temp;
}
int main()
{
   int a,b,c,temp;
    scanf("%d %d %d",&a,&b,&c);
   if(a<b)
      swap(&a,&b);
   if(a<c)
      swap(&a,&c);
   if(b<c)
      swap(&b,&c);
   printf("%d,%d,%d",a,b,c);
}
```

9. 参考程序:

```
#include <stdio.h>
#define N 10
int main()
{
    int a[N],i,tmp;
    int *p,*pMax,*pMin;
    p=pMax=pMin=a;
    for(i=0;i<N;i++)
        scanf("%d",&a[i]);
    for(i=0;i<N;i++,p++)
    {
        if(*p>*pMax)
        {
            pMax=p;
        }
        if(*p<*pMin)
        {
            pMin=p;
        }
    }
    /*将最大数与第一个数交换*/
    tmp=a[0];
    a[0]=*pMax;
    *pMax=tmp;
```

```
    /*将最小数与最后一个数交换*/
    tmp=a[9];
    a[9]=*pMin;
    *pMin=tmp;
    /*输出数组元素*/
    for(i=0;i<N;i++)
        printf("%d ",a[i]);
    printf("\n");
    return 0;
}
```

10. 参考程序：

```
#include <stdio.h>
int longs(char *s)
{
  int i,n=0;
  for(i=0;*(s+i)!='\0';i++)
    n++;
  return(n);
}
int main()
{
  char *s;
  char c[20];
  s=c;
  printf("请输入字符串:");
  gets(c);
  printf("字符串长度为%d\n",longs(s));
}
```

11. 参考程序：

```
#include <stdio.h>
int main()
{
    char s[200],*p=s;
    gets(s);
    for(;*p;p++);
        for(p--;p>=s;p--)
        putchar(*p);
    return 0;
}
```

12. 参考程序：

```
#include<stdio.h>
int main()
{
    int Ii =0,Itemp;
    int array_a[5]={1,2,3,4,5};
    int array_b[5]={6,7,8,9,0};
    int *a,*b;
    a=array_a;
    b=array_b;
    while(Ii<5)
    {
        Itemp=*(a+Ii);
        *(a+Ii)=*(b+Ii);
        *(b+Ii)=Itemp;
        Ii++;
    }
    Ii=0;
    while(Ii<5)        /*输出交换后的 a*/
    {
        printf("%d\t",array_a[Ii]);
        Ii++;
    }
    printf("\n");
    Ii=0;
    while(Ii<5)        /*输出交换过的 b*/
    {
        printf("%d\t",array_b[Ii]);
        Ii++;
    }
}
```

13. 参考程序:

```
#include <stdio.h>
int main()
{
    char a[80];
    char b[80]="abc";
    int n,m,i;
    gets(a);
    n=strlen(a);
    printf("input m,m<=%d\n",n);
```

```
        scanf("%d",&m);
        for(i=m-1;i<=n;i++)
            *(b+i-m+1)=*(a+i);
        printf("%s\n",b);
        return 0;
}
```

14. 参考程序：

```
#include<stdio.h>
int main()
{
        int upper=0;
        int lower=0;
        int digit=0;
        int space=0;
        int other=0;
        int i=0;
        char *p;
        char s[20];
        printf("input string:");
        while((s[i]=getchar())!='\n')
            i++;
        p=&s[0];
        while(*p!='\n')
        {
            if(('A'<=*p)&&(*p<='Z'))
              ++upper;
            else if(('a'<=*p)&&(*p<='z'))
              ++lower;
            else if(*p==' ')
              ++space;
            else if((*p<='9')&&(*p>='0'))
              ++digit;
            else
              ++other;
            p++;
        }
        printf("upper case:%d    lower case:%d",upper,lower);
        printf("    space:%d    digit:%d    other:%d\n",space,digit,other);
        return 0;
}
```

15. 参考程序：

```c
#include <stdio.h>
int strcmp(char *p1,char *p2)
{
    while (*p1 && *p2)
    {
        if (*p1>*p2)
            return 1;
        else if(*p1<*p2)
            return -1;
        else
            {p1++; p2++;}
    }
    if (*p1==0 && *p2==0)
        return 0;
    else if (*p1==0)
        return -1;
    else
        return 1;
}
```

16. 参考程序：

```c
#include <stdio.h>
int main()
{
    int i,j,a[3][6],max,min,(*p)[6],l,k,m,n;
    printf("enter the grade.\n");
    p=a;
    for(i=0;i<3;i++)
      for(j=0;j<6;j++)
        scanf("%d",*(p+i)+j);
    max=min=a[0][0];
    for(i=0;i<3;i++)
        for(j=0;j<6;j++)
        {
            if(max<=(*(*(p+i)+j)))
            {
                max=*(*(p+i)+j);
                l=i;
                k=j;
            }
        }
```

```
        if((*(*(p+i)+j))<=min)
          {
                min=*(*(p+i)+j);
                m=i;
                n=j;
          }
      }
    printf("a[%d][%d]=max=%d a[%d][%d]=min=%d\n",l,k,max,m,n,min);
    return 0;
}
```

17.【提示】可定义一个指针数组，数组的每个元素指向一个月份的字符串，如数组 1 位置的指针指向字符串 february（2 月），即每个指针指向相应月份的英文字符串。根据输入的月份输出相应位置的指针指向的字符串。

18. 参考程序：

```
#include <stdio.h>
struct student
{
    char cord[10];
    double cj[5];
    double av;
    int jg;
};
double input(struct student *st);
void jg2(struct student *st);
void gf(struct student *st);
double input(struct student *st)
{
    int i,j;
    double s,s1;
    s1=0;
    for(i=0;i<4;i++)
    {
        s=0;
        printf("输入第%d 名学生的学号和 5 门成绩:",i+1);
        scanf("%s",st[i].cord);
        for(j=0;j<5;j++)
        {
            scanf("%lf",&st[i].cj[j]);
            s+=st[i].cj[j];
            if(j==0)
```

```
                    s1+=st[i].cj[j];
                }
            st[i].av=s/5;
        }
    printf("\n\n");
    return s1;
}
void jg2(struct student *st)
{
    int i,j,k;
    for(i=0;i<4;i++)
    {
        st[i].jg=0;
        for(j=0;j<5;j++)
        {
            if(st[i].cj[j]>=60)
                st[i].jg+=1;
        }
        if(st[i].jg<3)
        {
            printf("%10s: ",st[i].cord);
            for(k=0;k<5;k++)
            {
                printf("%3.0lf ",st[i].cj[k]);
            }
            printf("%3.2lf\n",st[i].av);
        }
    }
    printf("\n\n");
}
void gf(struct student *st)
{
    int i,j,k,m;
    for(i=0;i<4;i++)
    {
        if(st[i].av>=90)
        {
            m=0;
        }
        else
```

```
        {
            for(j=0;j<5;j++)
            {
                if(st[i].cj[j]<85)
                {
                    m=1;
                    break;
                }
                else
                {
                    m=0;
                }
            }
        }
        if(m==0)
        {
            printf("%10s: ",st[i].cord);
            for(k=0;k<5;k++)
            {
                printf("%3.0lf ",st[i].cj[k]);
            }
            printf("%3.2lf\n",st[i].av);
        }

    }
    if(m==1) printf("no such students\n");
    printf("\n\n");
}
int main()
{
    double av1;
    struct student st1[4];
    av1=input(st1)/4;
    printf("第一门课的平均分:%lf\n\n",av1);
    printf("两门不及格:\n");
    jg2(st1);
    printf("平均成绩在 90 分以上或全部成绩在 85 分以上的学生:\n");
    gf(st1);
    return 0;
}
```

19.【提示】可定义两个指针 i、j，初始时都指向字符串第一个字符。i 依次指向字符串的各个字符并和 j 比较，若比 j 小则继续后移；若比 j 大则让 j 指向 i 所在位置，i 后移，直到将字符串中所有字符比较完毕。此时 j 指向的就是字符串中的最大元素。将 j 后的所有字符串元素后移，并在 j 后插入 str2。

20. 参考程序：

```c
#include <stdio.h>
void sum_row(double (*p)[3],int row,double *q)
{
    int i,j;
    for(i=0;i<row;i++)
    {
        *(q+i)=0;
        for(j=0; j<3; j++)
            *(q+i)+=*(*(p+i)+j);
    }
}
int main()
{
    double arr[][3]={{1.1,2.2,3.4},
                     {2.2,3.3,4.2},
                     {3.3,4.2,1.3}};
    double sum[3];
    int i;
    sum_row(arr, 3, sum);
    for(i=0; i<3; i++)
        printf("No.%2d:%.3lf\n", i+1, sum[i]);
    return 0;
}
```

练习题

一、选择题

1. 若有说明：int a=1,*p=&a,*q=p;，则以下非法的赋值语句是（　　）。

　　A. p=q;　　　　　　B. *p=*q;　　　　　　C. a=*q;　　　　　　D. q=a;

2. 若定义：int a=1,*b=&a;，则 printf("%d\n",*b);的输出结果为（　　）。

　　A. 无确定值　　　　B. a 的地址　　　　　C. 2　　　　　　　　D. 1

3. 已有定义：int a=1, *p1=&a, *p2=&a;，下面不能正确执行的赋值语句是（　　）。

　　A. a=*p1+*p2;　　 B. p1=a;　　　　　　C. p1=p2;　　　　　　D. a=*p1*(*p2);

4. 变量的指针，其含义是指该变量的（　　）。

　　A. 值　　　　　　　B. 地址　　　　　　　C. 名　　　　　　　　D. 一个标志

5. 若有语句：int *p, a=1; p=&a;，下面均代表地址的一组选项是（　　）。

A. a,p,*&a   B. &*a,&a,*p

C. *&p,*p,&a   D. &a,&*p,p

6. 有如下语句：int m=1,n=2,*p,*q; p=&m;q=&n;，若要实现下图所示的存储结构，可选用的赋值语句是（   ）。

A. *p=*q;   B. p=*q;   C. p=q;   D. *p=q;

7. 下面判断正确的是（   ）。

A. char *s="girl";   等价于   char *s;*s="girl";

B. char s[10]={"girl"};   等价于   char s[10];s[10]={"girl"};

C. char *s="girl";   等价于   char *s;s="girl";

D. char s[4]="boy",t[4]="boy";   等价于   char s[4]=t[4]= "boy "

8. 以下不能正确进行字符串赋初值的语句是（   ）。

A. char str[5]="good!";   B. char *str="good!";

C. char str[]="good!";   D. char str[5]={'g','o','o','d'};

9. 下面程序段的运行结果是（   ）。

char *s="abcde";

s+=2;

printf("%d",s);

A. cde   B. 字符'c'   C. 字符'c'的地址   D. 无确定的输出结果

10. 设有如下的程序段：char s[]="girl", *t; t=s;，则下列叙述正确的是（   ）。

A. s 和 t 完全相同   B. 数组 s 中的内容和指针变量 t 中的内容相等

C. s 数组长度和 t 所指向的字符串长度相等   D. *t 与 s[0]相等

11. 以下正确的程序段是（   ）。

A. char s[20];   B. char *s;
   scanf("%s",&s);   scanf("%s",s);

C. char s[20];   D. char s[20],*t=s;
   scanf("%s",&s[2]);   scanf("%s",t[2]);

12. 下面程序段的运行结果是（   ）。

```c
#include<stdio.h>
int main()
{
    int m=10,n=20;
    char *format="%s,m=%d,n=%d\n";
    m*=n;
    printf(format,"m*=n",m,n);
    return 0;
}
```

A. format,"m*=n",m,n   B. format,"m*=n"

C. m*=n,m=200,n=20   D. 以上结果都不对

13. 下面程序段的运行结果是（　　）。

```c
#include <stdio.h>
int main()
{
  char s[]="example!",*t;
  t=s;
  while(*t!='p')
  {
      printf("%c",*t-32);
      t++;
  }
  return 0;
}
```

  A. EXAMPLE!   B. example!   C. EXAM   D. example!

14. 若有以下定义和语句：

int s[4][5], (*ps)[5];

ps=s;

则对 s 数组元素的正确引用形式是（　　）。

  A. ps+1   B. *(ps+3)   C. ps[0][2]   D. *(ps+1)+3

15. 不合法的 main 函数命令行参数表示形式是（　　）。

  A. main(int a,char *c[])   B. main(int argc,char *argv)

  C. main(int arc,char **arv)   D. main(int argv,char*argc[])

16. 若有说明语句：char s[]="it is a example.", *t="it is a example.";，则以下不正确的叙述是（　　）。

  A. s 表示的是第一个字符 i 的地址，s+1 表示的是第二个字符 t 的地址

  B. t 指向另外的字符串时，字符串的长度不受限制

  C. t 变量中存放的地址值可以改变

  D. s 中只能存放 16 个字符

17. 若已定义 char s[10];，则在下面表达式中不表示 s[1]地址的是（　　）。

  A. s+1   B. s++   C. &s[0]+1   D. &s[1]

18. 下面程序段的运行结果是（　　）。

```c
#include <stdio.h>
main()
{
    char s[6]="abcd";
    printf("\"%s\"\n", s);
}
```

  A. "abcd"   B. "abcd "   C. \"abcd\"   D. 编译出错

19. 下列程序的输出结果是（　　）。

```
#include <stdio.h>
main()
{
    int a[]={1,2,3,4,5,6,7,8,9,0},*p;
    p=a;
    printf("%d\n", *p+9);
}
```

　　A. 0　　　　　　　　　　B. 1　　　　　　　　　C. 10　　　　　　　　D. 9

20. 下面程序的功能是将字符串 s 的所有字符传送到字符串 t 中，要求每传递 3 个字符后再存放一个空格，例如字符串 s 为 "abcdefg"，则字符串 t 为 "abc def g"，请选择填空。

```
#include <stdio.h>
#include <string.h>
int main()
{
    int j,k=0;
    char s[60], t[100], *p;
    p=s;
    gets(p);
    while(*p)
    {
        for(j=1;j<=3&&*p;【1】)   t[k]=*p;
        if(【2】)
        {
            t[k]=' ';
            k++;
        }
    }
    t[k]='\0';
    puts(t);
    return 0;
}
```

　　【1】A. p++　　　　B. p++,k++　　　C. p++,k++,j++　　D. k++,j++
　　【2】A. j==4　　　　B. *p=='\0'　　　C. !*p　　　　　　D. j!=4

二、编程题

1. 编写一函数，实现两个字符串的比较。（自己写一个 strcmp 函数，函数原型为 strcmp(char *p1,char *p2)）

2. 编写程序：从键盘任意输入一个字符串，输出该字符串。然后，将该字符串逆序存放后再输出，要求用字符指针完成。

第9章 结构体与共用体

知识框架图

知识框架图如图 2-9-1 所示。

图 2-9-1 知识框架图

知识点介绍

9.1 概述

在实际问题的应用中，一组数据往往具有不同的数据类型。例如，在学生管理系统中，学号可定义为整型或字符型，姓名应为字符型，年龄应为整型，性别应为字符型，成绩可为整型或实型。为了解决这个问题，C 语言中给出了另一种构造型数据类型——"结构体"（Structure），它相当于其他高级语言中的记录（Recorder）。

结构体是一种构造数据类型，即先要定义结构体类型，然后定义其结构体变量。

1. 一般形式

struct 结构体名

{

　　　数据类型 成员名1;

　　　数据类型 成员名2;

　　　……

　　　数据类型 成员名n;

};

【注意】先声明结构体类型，然后再定义结构体变量。

2. 成员的表示

结构体类型中的成员表示为：类型名 成员名

比如：学生数据

```
struct student
{
    int num;
    char name[20];
    char sex;
    int age;
    float score;
    char addr[30];
};
```

【注意】

（1）不要忽略最后的分号"；"。

（2）结构体类型在内存中所占字节数为所有成员变量所占字节数的和。student 结构体类型占 63 个字节。

9.2 结构体变量的定义

（一）定义方式

1. 先定义结构体类型再定义结构体变量

例如：

```
struct student
{
    int num;
    char name[20];
    char sex;
    int age;
    float score;
    char addr[30];
};
struct student student1, student2;
```

2. 在定义结构体类型的同时定义结构体变量

```
struct 结构体名
{
    成员表列
}变量名表列;
```

例如：

```
struct student
{
```

```
        int num;
        char name[20];
        char sex;
        int age;
        float score;
        char addr[30];
} student1, student2;
```

3. 直接定义结构体类型变量

```
struct
{
    成员表列
}变量名表列;
```

此时，可以不给结构体类型命名。

（二）真题解析

【示例9-1】设有定义：

```
struct
{
    char mark[12];
    int num1;
    double num2;
}t1,t2;
```

若变量均已正确赋初值，则以下语句中错误的是（　　）。（二级考试真题 2010.11）

　　A．t1=t2；　　B．t2.num1=t1.num1；　　C．t2.mark=t1.mark；　　D．t2.num2=t1.num2；

正确答案：C

解析：结构体中的 mark 为数组名，是地址常量，不能放在赋值符号左侧。

9.3　结构体变量成员的引用

（一）变量的引用

1. 引用方法

结构体变量名.成员名 或者 指针变量名->成员名

2. 注意事项

（1）不能将结构体变量整体进行输入和输出，只能对各个成员分别进行输入和输出。

例如："printf("%d,%s,%c,%d,%f,%s\n",student1);"是错误的。

（2）当结构成员是另一个结构体变量时，应一级一级地引用成员。

例如：student1.num=10010；　　student1.birthday.month=3；

（3）仅在以下两种情况下，可以把结构体变量作为一个整体来访问。

① 结构体变量整体赋值。

例如：student2=student1；

② 取结构体变量地址。

例如：printf("%x", &student1);　　　　/*输出 student1 的地址*/

（二）真题解析

【示例 9-2】设有以下程序段：

```
struct MP3
{
    char name[20];
    char color;
    float price;
}std,*ptr;
ptr=&std;
```

若要引用结构体变量 std 中的 color 成员，写法错误的是（　　）。（二级考试真题 2012.11）

　　A．std.color　　　B．ptr->color　　　C．std->color　　　D．(*ptr).color

正确答案：C

解析：可以通过成员点运算符（．）来访问结构体的各个成员。如果定义了一个结构体指针，可以用该指针和间接成员运算符（->）代替点运算符来访问结构体的各个成员。答案 A 符合"结构体变量名.成员名"的引用方法；答案 B 符合"指针变量名->成员名"的引用方法；答案 C 中变量"std"不是指针类型的变量，故该引用方法错误；答案 D 中因"ptr"为指针变量，所以"(*ptr)"相当于一个结构体变量。

9.4　结构体变量的初始化

结构体变量的初始化就是给结构体类型的变量赋初值。

（一）一般形式

struct　结构体名　变量={初始数据列表}；

例如：

```
struct student
{
    long int num;          /*学号*/
    char name[20];         /*姓名*/
    char sex;              /*性别*/
    char address[20];      /*地址*/
}student1={201613031, "Zhang san", 'M', "No.123 Beijing Road"};
```

（二）注意事项

（1）不能在结构体内赋初值。

（2）相同类型的结构体变量可以互相赋值（见课本例 9.1）。

9.5　结构体数组

结构体数组即结构体类型的数组，结构体数组的每一个元素都是结构体变量。

（一）定义和初始化

1. 结构体数组的定义

struct 结构体名 结构体数组名[元素个数];

例如：

struct student

{

  int num;

  char name[20];

  char sex;

  int age;

  float score;

  char address[30];

 }student1[3];

2. 结构体数组的初始化

结构体数组的初始化就是给每一个结构体类型数组的数组元素赋初值。

例如：

struct student

{

  int num;

  char name[20];

  char sex;

  int age;

  float score;

  char address[30];

 }student1[3]={

       {201613031,"Zhang San",'M',"No.123 Beijing Road"}，

       {201613032,"Li Si",'M',"No.56 Shanghai Road"}，

       {201613033,"Wang Wu",'M',"No.78 Chongqing Road"}

    };

在本例中，定义了一种数据类型为 struct student，以及这种类型的数组 student[3]，该数组有三个元素 student[0]、student[1]和 studeng[2]，初始值分别为{201613031,"Zhang San",'M',"No.123 Beijing Road"}、{201613032,"Li Si",'M',"No.56 Shanghai Road"}和{201613033,"Wang Wu",'M',"No.78 Chongqing Road"}。

（二）注意事项

（1）结构体数组初始化的一般形式就是在定义数组的后面加上"={初值表列}"。

（2）当对全部元素作初始化赋值时，可不给出数组长度。

9.6 结构体指针

结构体指针是一个指针变量，用来指向一个结构体变量，即指向该变量所分配的存储区

域的首地址，结构体指针变量还可以用来指向结构体数组中的元素。

（一）结构体变量指针

1. 定义

结构体变量指针的格式如下：

struct 结构体类型名 *结构体指针变量名;

例如：

```
struct student
{
    int num;
    char name[20];
    char sex;
    int age;
    float score;
    char address[30];
}*p,student;
p=&student;
```

此处 p 指向结构体类型的变量 student，是结构体变量指针。

2. 结构体变量指针的使用

在上例中，用结构体变量指针表示变量中的各成员可以有两种方式：

（1）(*p).num。注意：成员运算符"."优先于"*"运算符，不能写成*p.num 或*(p.num)。

（2）p->num。用指针和间接成员运算符（->）代替点运算符（.）来访问结构体的各个成员。

（二）结构体数组指针

当一个指针变量指向结构体类型的数组时，这种指针就是结构体数组指针。此时会将该数组的起始地址赋值给该指针变量。

1. 定义

```
struct student
{
    int num;
    char name[20];
    char sex;
    int age;
    float score;
    char address[30];
}*p,stu[3];
p=stu;
```

2. 注意事项

（1）若 p 为指向结构体数组 stu 的指针，即"p=stu;"，则 p++指向 stu[1]。

（2）"->"运算符优先于"++"运算符，所以++p->num 和(++p)->num 是不同的。

++p->num：使 p 所指向的 num 成员值加 1；(++p)->num：先使 p+1，然后得到它指向的元素中的 num 成员值。

（三）结构体指针变量作为函数参数

1. 结构体赋值方式

在函数调用采用值传递方式时，如果调用函数中的实参使用结构体变量名，那么被调函数的相应形参应该是具有相同结构体类型的结构体变量。在执行被调用的函数时，实参的结构体变量赋值给形参的结构体变量，实际上是进行实参到形参的结构体变量对应成员项之间的数据赋值。

2. 结构体地址传递方式

结构体地址传递方式是把结构体变量的存储地址作为实参向函数传递，在函数中用指向相同结构体类型的指针作为形参接收该地址值，并通过这个结构体指针来处理结构体中的各项数据。

3. 结构体数组在函数间传递

当需要把多个结构体作为一个参数向函数传递时，应该把它们组织成结构体数组，在函数间传递结构体数组时，一般采用地址传递方式，即把结构体数组的存储首地址作为实参。在被调函数中，用同样结构体类型的结构体指针作为形参接收传递的地址值。

（1）结构体成员作函数的参数。

与普通变量作函数参数的用法相同，值传递，不能修改实参的值。

（2）结构体指针作函数的参数。

将结构体的地址传送给函数，效率高，可以修改实参的值。

（3）结构体作函数的参数。

将结构体的全部成员值传递给函数，效率低，不能修改实参的值。

（四）真题解析

【示例 9-3】有以下程序：

```c
#include <stdio.h>
struct ord
{
    int x,y;
}dt[2]={1,2,3,4};
int main()
{
    struct ord *p=dt;
    printf("%d,",++(p->x));
    printf("%d\n",++(p->y));
    return 0;
}
```

程序运行后的输出结果是（　　）。（二级考试真题 2010.6）

  A．1,2　　　B．4,1　　　C．3,4　　　D．2,3

正确答案：D

解析：题目中定义了一个结构体数组"dt[0].x=1,dt[0].y=2,dt[1].x=3,dt[1].y=4"。p 指向结构体数组的第一个元素，那么 p->x 的值为 1，p->y 的值为 2，所以输出结果为 2,3。

【示例 9-4】有以下程序：

```
#include <stdio.h>
int main()
{
    struct node
    {
        int n;
        struct node *next;
    }*p;
    struct node x[3]={{2,x+1},{4,x+2},{6,NULL}};
    p=x;
    printf("%d",p->n);
    printf("%d\n",p->next->n);
    return 0;
}
```

程序运行后的输出结果是（   ）。（二级考试真题 2011.11）

　　A．2,3　　　　B．2,4　　　　C．3,4　　　　D．4,6

正确答案：B

解析：在程序中由结构体 node 的数组 x[3]组成了一个线性链表，指针 p 指向链表的第一个结点 x[0]，所以首先输出 2，p->next 指向第二个结点 x[1]，所以输出 4。

【补充】

用指针和结构体可以构成链表，单向链表操作主要有链表的建立、输出，链表中结点的删除与插入等。

（1）链表是一种常用的重要的数据结构，它是动态地进行存储分配的一种结构。

（2）所谓建立链表是指从无到有地建立起一个链表，即一个一个地输入各结点数据，并建立起前后相连的关系。

（3）所谓输出链表就是将链表各结点的数据依次输出。

（4）所谓删除链表事实上就是删除链表中的某个结点。

（5）所谓插入链表就是在链表中某个位置插入一个或几个结点。

【示例 9-5】有以下函数：

```
#include <stdio.h>
struct stu
{
    int num;
    char name[10];
    int age;
};
viod fun(struct stu *p)
```

```
    {
        printf("%s\n",p->name);
    }
    int main()
    {
        struct stu x[3]={
                        {01, "zhang",20},
                        {02, "wang",19},
                        {03, "zhao",18}
                    };
        fun(x+2);
        return 0;
    }
```

程序运行输出结果是（　　）。（二级考试真题 2012.11）

　A．zhang　　　　B．zhao　　　　C．wang　　　　D．19

正确答案：B

解析："x"为结构体数组名，它代表结构体数组首元素的地址，"x+2"表示结构体数组的第三个数组元素，所以 p->name 的取值为"zhao"，正确答案为 B。

9.7　共用体

（一）共用体类型的定义

共用体使用的语法和结构体相同。所不同的是，共用体的成员共享一个共同的空间。共用体同一时间内只能存储一个单独的数据项，而不像结构体那样可以同时存储多种数据类型，可以在共用体变量中存储一个类型不唯一的值。共用体类型定义的一般形式如下：

```
union  共用体类型名
{
    数据类型  成员名 1;
    数据类型  成员名 2;
    ……
    数据类型  成员名 n;
};
```

（二）共用体变量的引用

1.　共用体变量的引用方式

共用体变量名.成员名

2.　共用体指针变量的引用方式

共用体指针变量名->成员名　或　(*共用体指针变量名).成员

3.　共用体变量的特点

（1）共用体变量在定义的同时只能用第一个成员的类型值进行初始化。

（2）共用体变量中的所有成员共享一段公共存储区，所以共用体变量所占内存字节数与其成员中占字节数最多的那个成员相等；而结构体变量中的每个成员分别占有独立的存储空间，所以结构体变量所占内存字节数是其成员所占字节数的总和。

（3）由于共用体变量中的所有成员共享存储空间，因此变量中的所有成员的首地址相同，而且变量的地址也是该变量成员的地址。

（4）共用体变量中起作用的成员是最后一次存放的成员，在存入一个新的成员后，原有的成员就失去作用。

（5）不能把共用体变量作为函数参数，但可以使用指向共用体变量的指针作为函数参数。

9.8　枚举类型

枚举是一个命名为整型常量的集合。它提供了一种定义符号常量的方法，通过枚举可以创建一系列代表整型常量（又称枚举常量）的符号和定义相关联的枚举类型。

其一般定义形式为：

enum 枚举名{枚举元素表} 枚举变量表;

有关枚举变量的说明如下：

（1）枚举元素是按常量处理的，如果没有进行初始化，第一个枚举元素的值为0，第二个枚举元素的值为1，以此类推。

（2）对应枚举变量只能取"枚举元素表"中的某个元素，而不能取其他值，如：不能把整数直接赋给枚举变量。

（3）若想将整数赋值给枚举变量，需作强制类型转换。

9.9　用户自定义类型

C语言允许用typedef说明一种新的类型名，通俗地讲就是给一种类型另外起一个名字。typedef提供了一种为基本或派生类型创建新标识符的方法。

（一）typedef的使用

1.　一般形式

typedef 类型名1 类型名2;

其中"类型名1"是系统提供的标准类型名或已经定义过的其他类型名，"类型名2"是用户定义的类型名。

2.　注意事项

（1）使用typedef只能用来定义各种用户定义的类型名，而不能用于定义变量。

（2）用户定义类型相当于原类型的别名。

（3）typedef并不只是作简单的字符串替换，这与#define作用是不同的。

（4）typedef定义类型名可嵌套进行。

（5）利用typedef定义类型名有利于程序的移植，并增加程序的可读性。

（二）真题解析

【示例9-6】若有以下语句：

typedef struct S

{

```
        int g;
        char h;
    }T;
```

以下叙述中正确的是（   ）。（二级考试真题 2010.6）

    A．可用 S 定义结构体变量   B．可用 T 定义结构体变量

    C．S 是 struct 类型的变量   D．T 是 struct S 类型的变量

正确答案：B

解析：typedef 用于声明新的类型名，也就是定义一个新的数据类型。如果语句中去掉 typedef，T 就变成了声明一个结构体类型 S。本题中，T 等效于 struct S，是一个结构体类型，也就是说 typedef 只是将 struct S 定义为一种新的数据类型 T。

答案 A：S 不可以定义结构体变量，要加上 struct，即用 struct S 定义结构体变量。

答案 B：T 等效于 struct S。

答案 C：S 是类型名不是变量名，要和 struct 一起使用才有意义。

答案 D：T 不是变量，是一种新的类型，等效于 struct S。

重点难点分析

本章需要重点掌握结构体的类型说明，结构体变量的定义、引用及初始化，掌握结构体数组的定义与初始化，正确理解指向结构体类型的指针并能正确引用。掌握共用体的定义及应用，并掌握其与结构体类型的区别。

本章的一个难点是指向结构体类型的指针，学习过程中注意与前面指针章节的内容及结构体数组内容相联系，多上机调试例题程序；另一个难点就是链表结点的定义和基于链表的运算，如结点元素的插入和删除等操作，这部分内容为后继课程《数据结构》奠定基础。

部分课后习题解析

1．struct、union

2．30（6+16+8）、16

【提示】共用体变量所占内存长度等于最长的成员所占内存的长度。

3．B

【提示】定义一个结构体类型的变量，可采用三种方法：（1）先定义结构体类型再定义变量；（2）在定义类型的同时定义变量；（3）直接定义结构类型变量，即不出现结构体名。B 符合（3）。

4．2

【提示】t=(s[0].b-s[1].a)+(s[1].c-s[0].b)=('b'-'d')+('f'-'b')=2

5．参考程序：

```
#include <stdio.h>
#include <math.h>
struct point                    /*平面上的一个点*/
{
  float x;                      /*横坐标轴*/
  float y;                      /*纵坐标轴*/
```

```
};
int main()
{
    float dis;
    struct point a,b;                                   /*定义 a、b 两点*/
    printf("请输入 a 的横坐标和纵坐标:");
    scanf("%f%f",&a.x,&a.y);                             /*输入 a 的横坐标轴和纵坐标*/
    printf("请输入 b 的横坐标和纵坐标:");
    scanf("%f%f",&b.x,&b.y);                             /*输入 b 的横坐标轴和纵坐标*/
    dis=sqrt((a.x-b.x)*(a.x-b.x)+(a.y-b.y)*(a.y-b.y));   /*计算两点之间的距离*/
    printf("a,b 两点之间的距离是:%f",dis);
    return 0;
}
```

6. 参考程序:

```
#include <stdio.h>
int main()
{
    struct
    {
        char dept[10];          /*系别*/
        char name[10];          /*姓名*/
        char sex[2];            /*性别*/
        int age;                /*年龄*/
        int tel;                /*联系电话*/
        char addr[20];          /*地址*/
    }student;
    printf("请输入一个学生的信息:系别,姓名,性别,年龄,联系电话和地址:\n");
    scanf("%s%s%s%d%d%s",student.dept,student.name,student.sex,&student.age,&student.tel,student.addr);
    printf("学生的信息如下:\n");
    printf("系别:%s\t 姓名:%s\t 性别:%s\t 年龄:%d\t 联系电话:%d\t 地址:
%s\n",student.dept,student.name,student.sex,student.age, student.tel,student.addr);
    return 0;
}
```

7. 参考程序:

```
#include <stdio.h>
#include <string.h>
int main()
{
    struct
    {
```

```
        int rank;              /*排名*/
        char name[10];         /*姓名*/
        float score ;          /*成绩*/
   }stu[3]={
            {1,"Li Ping",95.5},
            {2,"Wang Ming",90},
            {3,"Liu Fang",86.5}
            };
   int i;
   char str[10];
   printf("请输入查询学生的姓名:\n");
   scanf("%s",str);
   for(i=0;strcmp(str,"q")!=0;i++)
   {
       if(strcmp(stu[i].name,str)==0)
       {
            printf("请输出查询学生的信息:\n 姓名\t 排名\t 成绩:\n");
            printf("%s\t%d\t%f\n",stu[i].name,stu[i].rank,stu[i].score);
       }
       else
            printf("查无此人!\n");
       printf("请输入查询学生的姓名:\n");
       scanf("%s",str);
   }
   return 0;
}
```

8. 参考程序:

```
#include <stdio.h>
int main()
{
   struct
   {
      int num;                /*学号*/
      char name[10];          /*姓名*/
      float score[3] ;        /*成绩*/
   }stu[5];
   int i;
   float sum[5], avg[5];      /*总成绩、平均成绩*/
   for(i=0;i<5;i++)
   {
```

```
    sum[i]=0;
    printf("请输入 5 个学生的学号,姓名和三门课的成绩:\n");
    scanf("%d%s%f%f%f",&stu[i].num,stu[i].name,&stu[i].score[0],&stu[i].score[1], &stu[i].score[2]);
    sum[i]=stu[i].score[0]+stu[i].score[1]+stu[i].score[2];
    avg[i]=sum[i]/3;
}
for(i=0;i<5;i++)
    printf("第 i 个学生的总成绩,平均成绩是:%.2f\t%.2f\n",sum[i],avg[i]);
return 0;
}
```

10. 【提示】首先定义结构体数组并初始化，然后对学生的成绩进行选择排序。这样可在结构体数组中实现学生信息按照成绩的高低排序，最后输出结构体数组的元素即可。

```
#include <stdio.h>
int main()
{
    struct student
    {
        int num;
        char name[20];
        float score;
    }stu[5]={
                {10101,"Zhang",78},
                {10103,"Wang",98.5},
                {10106,"Li",86},
                {10108,"Ling",73.5},
                {10110,"Fun",100}
            };                      /*定义结构体数组并初始化*/
    struct student temp;            /*定义结构体变量 temp，用作交换时的临时变量*/
    int i,j,k;
    printf("The order is:\n");
    for(i=0;i<4;i++)
    {
        k=i;
        for(j=i+1;j<5;j++)
            if(stu[j].score>stu[k].score)       /*进行成绩的比较*/
                k=j;
        temp=stu[k]; stu[k]=stu[i]; stu[i]=temp;    /*stu[k]和 stu[i]元素互换*/
    }
    for(i=0;i<5;i++)
        printf("%6d %8s %6.2f\n",stu[i].num,stu[i].name,stu[i].score);
```

```
    printf("\n");
    return 0;
}
```

 练习题

一、填空题

1. 以下程序用来输出结构体变量 ex 所占存储单元的字节数，请填空。

```
struct st
{
    char name[20];
    double score;
};
int main()
{
    struct st ex;
    printf("ex size: %d\n",sizeof(_____));
    return 0;
}
```

2. 若有如下结构体说明：

```
struct STRU
{
    int a,b;
    char c;
    double d;
};
```

请填空，以完成对 t 数组的定义，t 数组的每个元素为该结构体类型：_____t[20];。

3. 有以下说明定义和语句，可用 a.day 引用结构体成员 day，请写出引用结构体成员 a.day 的其他两种形式_____、_____。

```
struct
{
    int day;
    char mouth;
    int year;
}a,*b;
b=&a;
```

4. 以下程序运行后的输出结果是_____。

```
#include <stdio.h>
struct NODE
{
```

```
        int k;
        struct NODE *link;
};
int main()
{
        struct NODE m[5],*p=m,*q=m+4;
        int i=0;
        while(p!=q)
        {
            p->k=++i;
            p++;
            q->k=i++;
            q--;
        }
        q->k=i;
        for(i=0;i<5;i++)
            printf("%d",m[i].k);
        printf("\n");
        return 0;
}
```

5. 以下程序把三个 NODETYPE 型的变量链接成一个简单的链表，并在 while 循环中输出链表结点数据域中的数据，请填空。

```
#include <stdio.h>
struct node
{
        int data;
        struct node *next;
};
typedef struct node NODETYPE;
int main()
{
    NODETYPE a,b,c,*h,*p;
    a.data=10;
    b.data=20;
    c.data=30;
    h=&a;
    b.next=&b;
    b.next=&c;
    c.next='\0';
    p=h;
```

```
        while(p)
        {
            printf("&d",p->data);
            _____;
        }
        return 0;
}
```

二、选择题

1. 若程序中有以下的说明和定义：

```
struct abc
{
    int x;
    char y;
}
struct abc s1,s2;
```

则会发生的情况是（   ）。

    A. 编译时错   B. 程序将顺序编译、连接、执行

    C. 能顺序通过编译、连接，但不能执行   D. 能顺序通过编译，但连接出错

2. 下面程序的输出结果是（   ）。

```
#include <stdio.h>
int main()
{
    enum team
    {
        my,your=4,his,her=his+10
    };
    printf("%d %d %d %d\n",my,your,his,her);
    return 0;
}
```

  A. 0 1 2 3   B. 0 4 0 10   C. 0 4 5 15   D. 1 4 5 15

3. 有以下程序：

```
#include <stdio.h>
union pw
{
    int i;
    char ch[2];
}a;
int main()
{
    a.ch[0]=13;
```

```
        a.ch[1]=0;
        printf("%d\n",a.i);
        return 0;
}
```

程序的输出结果是（　　）。（注意：ch[0]在低字节，ch[1]在高字节。）

  A．13   B．14   C．208   D．209

4．设有以下语句：

```
struct st
{
    int n;
    struct st *next;
};
static struct st a[3]={5,&a[1],7,&a[2],9,'\0'},*p;
p=&a[0];
```

则表达式（　　）的值是6。

  A．p++->n   B．p->n++   C．(*p).n++   D．++p->n

5．有以下程序段：

```
typedef struct NODE
{
    int    num;
    struct NODE *next;
}OLD;
```

以下叙述中正确的是（　　）。

  A．以上的说明形式非法   B．NODE 是一个结构体类型

  C．OLD 是一个结构体类型   D．OLD 是一个结构体变量

6．下列关于结构型、共用型、枚举型的定义语句中，正确的是（　　）。

  A．struct ss{ int x}   B．union uu { int x;}xx＝5;

  C．enum ee{ int x;};   D．struct{int x;};

7．设有定义：

```
struct complex
{
    int real,unreal;
}data1={1,8},data2;
```

则以下赋值语句中错误的是（　　）。

  A．data2=data1;   B．data2=(2,6);

  C．data2.real=data1.real;   D．data2.real=data1.unreal;

8．有以下程序：

```
#include <stdio.h>
#include <stdlib.h>
struct A
```

```
    {
        int a; char b[10];
        double c;
    };
    void f(struct A t);
    int main()
    {
        struct A a={1001,"ZhangDa",1098.0};
        f(a);
        printf("%d,%s,%6.1f\n",a.a,a.b,a.c);
        return 0;
    }
    void f(struct A t)
    {
        t.a=1002;
        strcpy(t.b,"ChangRong");
        t.c=1202.0;
    }
```

程序运行后的输出结果是（   ）。

A．1001,zhangDa,1098.0

B．1002,changRong,1202.0

C．1001,ehangRong,1098.0

D．1002,ZhangDa,1202.0

9．有以下定义和语句：

```
struct workers
{
    int num;
    char name[20];
    char c;
    struct
    {
        int day;
        int month;
        int year;
    }s;
};
struct workers w,*pw;
pw=&w;
```

能给 w 中 year 成员赋 1980 的语句是（   ）。

A．*pw.year=1980;

B．w.year=1980;

C．pw->year=1980;

D．w.s.year=1980;

10．设有以下定义：

```
union data
{
    int d1;
    float d2;
}demo;
```

则下面叙述中错误的是（   ）。

   A. 变量 demo 与成员 d2 所占的内存字节数相同

   B. 变量 demo 中各成员的地址相同

   C. 变量 demo 和各成员的地址相同

   D. 若给 demo.d1 赋 99 后，demo.d2 中的值是 99.0

三、程序设计

1. 输入 5 位同学的一组信息，包括学号、姓名、数学成绩、计算机成绩，求得每位同学的平均分和总分，然后按照总分从高到低排序。

2. 定义一个结构体变量（包括年、月、日）。编写一个函数 days，计算该日期在本年中是第几天（注意闰年问题）。由主函数将年、月、日传递给 days 函数，计算之后，将结果返回到主函数输出。

第10章 文 件

知识框架图如图 2-10-1 所示。

图 2-10-1 知识框架图

10.1 C 文件概述

（一）文件的分类

从不同的角度，可对文件做不同的分类：

（1）从用户的角度划分，文件可分为普通文件和设备文件。

（2）从文件的存取方式划分，文件可分为顺序文件和随机文件。

（3）从文件的编码方式划分，文件可分为 ASCII 码文件和二进制编码文件。

（二）流和文件指针

1. 流

流是程序输入或输出的一个连续的数据序列，设备的输入输出都是用流来处理的。

2. 文件指针

文件指针是指向一个结构体类型的指针变量。定义文件类型指针变量的一般使用格式为：

FILE *文件指针名；

注：文件指针和文件内部的位置指针不是一回事，文件指针是指向整个文件的，需在程序中用 FILE 进行定义，只要不重新赋值，文件指针的值是不变的。

文件内部的位置指针用于指示文件内部的当前读/写位置，每读/写一次，该指针就会向后移动，它不需要在程序中定义，而是由系统自动设置。

（三）文件的操作流程

对文件的操作一般遵循的步骤如下：

（1）创建/打开文件。

（2）从文件中读数据或向文件中写数据。

（3）关闭文件。

缓冲文件系统磁盘存取示意图如图 2-10-2 所示。

图 2-10-2　缓冲文件系统磁盘存取示意图

10.2　文件的打开和关闭

（一）打开文件

1. fopen()函数

打开文件的函数是 fopen()，其一般使用形式如下：

fopen(文件名,文件使用方式);

2. 文件的使用方式

文件的使用方式见表 2-10-1。

表 2-10-1　文件的使用方式列表

打开方式	说明
r	以只读方式打开文件，只允许读取，不允许写入，该文件必须存在
r+	以读/写方式打开文件，允许读取和写入，该文件必须存在
rb+	以读/写方式打开一个二进制文件，允许读/写数据
rt+	以读/写方式打开一个文本文件，允许读和写
w	以只写方式打开文件，若文件存在则长度清为零，即该文件内容消失；若不存在则创建该文件
w+	以读/写方式打开文件，若文件存在则文件长度清为零，即该文件内容会消失；若文件不存在则建立该文件
a	以追加的方式打开只写文件，若文件不存在，则会建立该文件；若文件存在，则写入的数据会被加到文件尾，即文件原先的内容会被保留（EOF 符保留）
a+	以追加方式打开可读/写的文件，若文件不存在，则会建立该文件；若文件存在，则写入的数据会被加到文件尾，即文件原先的内容会被保留（原来的 EOF 符不保留）
wb	以只写方式打开或新建一个二进制文件，只允许写数据
wb+	以读/写方式打开或建立一个二进制文件，允许读和写
wt+	以读/写方式打开或建立一个文本文件，允许读和写
ab+	以读/写方式打开一个二进制文件，允许读或在文件末追加数据
at+	以读/写方式打开一个文本文件，允许读或在文件末追加数据

3. 几点说明

（1）文件打开方式由 r、w、a、t、b、+ 六个字符拼成，各字符的含义是：

- r（read）：读
- w（write）：写
- a（append）：追加
- t（text）：文本文件，可省略不写
- b（banary）：二进制文件
- +：读和写

（2）如果没有"b"字符，文件以文本方式打开。

（3）凡用"r"打开一个文件时，该文件必须已经存在。

（4）在打开一个文件时，如果出错，fopen 将返回一个空指针值 NULL。在程序中可以用这一信息来判别是否完成打开文件的工作，并作相应的处理。因此常用以下程序段打开文件：

```
if( (fp=fopen("E:\\sample.txt","rb")==NULL)
{
    printf("Error on open E:\\sample.txt file!");
    getch();
    exit(1);
}
```

该段程序的意义：如果返回的指针为空，表示不能打开 E 盘根目录下的 sample.txt 文件，并给出提示信息"error on open E:\\sample.txt file!"。第 4 行 getch()的功能是从键盘输入一个字符，但不在屏幕上显示。此处，该行的作用是等待。只有当用户从键盘敲任一键时，程序才继续执行。因此用户可利用这个等待时间阅读出错提示，有键盘输入后执行 exit(1)退出程序。

（5）把一个文本文件读入内存时，要将 ASCII 码转换成二进制形式，而把文件以文本方式写入磁盘时，也要把二进制形式的表示转换成 ASCII 码，因此文本文件的读写要花费较多的转换时间，而对二进制文件的读写则不存在这种转换。

（6）标准输入文件 stdin（键盘）、标准输出文件 stdout（显示器）、标准错误文件 stderr（显示器）是由系统打开的，可直接使用。

（二）关闭文件（fclose()函数）

1. fclose()函数

文件一旦使用完毕，应该用 fclose()函数将文件关闭，以释放相关资源，避免数据丢失。

fclose()的原型为：int fclose(FILE *fp);

fp 为文件指针。

例如：fclose(fp);

文件正常关闭时，fclose()的返回值为 0，如果返回非零值，则表示有错误发生。

2. 判断文件结束

feof()函数用于检测文件是否结束，其一般使用格式如下：

feof(文件指针);

若文件结束，则返回一个非 0 值，否则返回一个 0 值。

说明：文本文件以 EOF(-1)作为文件结束标志，因为 ASCII 码值的范围是 0~255，不可

能出现 -1，所以编写一个从磁盘文本文件中逐个读取字符并输出到屏幕上的程序时，可以在 while 循环中以 EOF 作为文件结束标志。由于二进制文件中会有 -1 值的出现，所以此时不能采用 EOF 作为二进制文件的结束标志，而是必须使用 feof()函数进行结束判断。

3. 真题解析

【示例 10-1】设文件 test.txt 中原已写入字符串"Begin"，执行以下程序后，文件中的内容为（   ）。（二级考试真题 2012.6）

```
#include <string.h>
int main()
{
    file *fp;
    fp=fopen("test.txt","w+");
    fputs("test",fp);
    fclose(fp);
    return 0;
}
```

正确答案：test

解析："w+"方式，即以读/写方式打开文件，若文件存在则文件长度清零，也就是说该文件内容会消失。原有 test.txt 中的内容"Begin"被清空后，重新写入字符串"test"。所以文件 test.txt 中的内容为"test"。

10.3 文件的读写

（一）相关函数

（1）文件的字符输入函数：fgetc()；

（2）文件的字符输出函数：fputc()；

（3）字符串输入函数：fgets(字符串变量,n,fp)；

（4）字符串输出函数：fputs(字符变量,fp)；

（5）格式化输出函数：fprintf(fp,格式串,输出项表)；

（6）格式化输入函数：fscanf(fp,格式串,输入项表)；

（7）数据块输出函数：fwrite(buf,size,count,fp)；

（8）数据块输入函数：fread(buf,size,count,fp)；

（二）说明

（1）在 C 语言中，读写文件比较灵活，既可以每次读写一个字符，也可以读写一个字符串，甚至是任意字节的数据（数据块）。以字符形式读写文件时，每次可以从文件中读取一个字符，或者向文件中写入一个字符。主要使用两个函数：fgetc()和 fputc()。

fgetc()和 fputc()函数每次只能读写一个字符，速度较慢；实际开发中往往是每次读写一个字符串或者一个数据块，这样能明显提高效率。

（2）以字符串的形式读写文件时，主要使用 fgets()和 fputs()函数。fgets()读取到的字符串会在末尾自动添加'\0'，n 个字符也包括'\0'，也就是说，实际只读取到了 n-1 个字符。在读取到 n-1 个字符之前如果出现了换行，或者读到了文件末尾，则读取结束。这就意味着，不管 n 的值多大，fgets()最多只能读取一行数据，不能跨行。

在 C 语言中，没有按行读取文件的函数，可以借助 fgets()，将 n 的值设置得足够大，每次就可以读取到一行数据。fgets()能够读取到换行符，而 gets()则不一样，它会忽略换行符。

（3）fgets()有局限性，每次最多只能从文件中读取一行内容，因为 fgets()遇到换行符就结束读取。如果希望读取多行内容，需要使用 fread()函数，相应地写入函数为 fwrite()。fread()函数用来从指定文件中读取块数据。所谓块数据，也就是若干个字节的数据，可以是一个字符，可以是一个字符串，也可以是多行数据，并没有什么限制。这两个函数直接操作字节，建议使用二进制方式打开文件。

（4）fscanf()和 fprintf()函数与前面使用的 scanf()和 printf()功能相似，都是格式化读写函数，二者的区别在于 fscanf()和 fprintf()的读写对象不是键盘和显示器，而是磁盘文件。

用 fscanf()和 fprintf()函数读写配置文件、日志文件会非常方便，不但程序能够识别，用户也容易看懂，也可以手动修改。

如果将 fp 设置为 stdin，那么 fscanf()函数将会从键盘读取数据，与 scanf()的作用相同；如果设置为 stdout，那么 fprintf()函数将会向显示器输出内容，与 printf()的作用相同。

（5）从功能角度来说，fread()和 fwrite()函数可以完成文件的任何数据读/写操作。但为方便起见，依据下列原则选用：

① 读/写 1 个字符（或字节）数据时：选用 fgetc()和 fputc()函数。

② 读/写 1 个字符串时：选用 fgets()和 fputs()函数。

③ 读/写 1 个（或多个）不含格式的数据时：选用 fread()和 fwrite()函数。

④ 读/写 1 个（或多个）含格式的数据时：选用 fscanf()和 fprintf()函数。

10.4 文件定位操作

（一）相关函数

1. 获取文件位置指针的当前值

ftell(fp);

2. 移动文件位置指针

fseek(fp,offset, from);

起始点 from 的取值及其含义见表 2-10-2。

表 2-10-2　from 的取值及含义

数字	符号常量	代表的起始点
0	SEEK_SET	文件开头
1	SEEK_CUR	文件当前指针位置
2	SEEK_END	文件末尾

3. 将文件位置指针置于文件开头

rewind(fp);

（二）说明

（1）实现随机读写的关键是要按要求移动位置指针，称之为文件的定位。移动文件内部位置指针的函数主要有两个，即 rewind()和 fseek()。

fseek()一般用于二进制文件，在文本文件中由于要进行转换，计算的位置有时会出错。

（2）在移动位置指针之后，就可以用前面介绍的任何一种读写函数进行读写。因为是二进制文件，通常用 fread() 和 fwrite() 实现文件的读写。

 重点难点分析

本章的重点是掌握文件的基本概念，文件类型的指针及对文件的操作的基本函数。难点是按格式读写文件、文件的随机读写函数的灵活使用。

部分课后习题解析

1. B　　2. B　　3. A　　4. C　　5. D　　6. B
7. 参考答案：
```c
#include <stdio.h>
int main()
{
    FILE *fp;
    if((fp=fopen("file1.txt", "r"))==NULL)
    {
        printf("Can not open file!\n");
        exit(0);
    }
    while(!feof(fp))
    {
        putchar(fgetc(fp));
    }
    printf("\n\nFinish!\n");
    return 0;
}
```
8. 参考答案：
```c
#include <stdio.h>
int main()
{
    FILE *fp;
    int fileSize;
    fp=fopen("file1.txt", "rb");
    if(fp==NULL)
    {
        printf("Can not open file!\n");
        return −1;                    /*exit(1)*/
    }
    else
```

```
        fseek(fp,0,SEEK_END);
    fileSize=ftell(fp);
    fseek(fp,0,SEEK_SET);
    printf("%d\n",fileSize);
    return 0;
}
```

9. 参考答案：

```
#include<stdio.h>
int main()
{
    FILE *fp;
    float f=5.36;
    if((fp=fopen("data.dat","wb"))==NULL)
    {
        printf("Can't open file!");
        exit(1);
    }
    fwrite(&f,sizeof(float),1,fp);
    printf("%f\n",f);
    fseek(fp,0L,SEEK_SET);              /*移动文件指针 stream 的位置*/
    fread(&f,sizeof(float),1,fp);
    printf("%f\n",f);
    fclose(fp);
    return 0;
}
```

10. 参考答案：

```
#include <stdio.h>
#include <string.h>
#define STR_LEN 10
int main()
{
    char str[STR_LEN];
    FILE *fp;
    fp=fopen("test.bat", "wb");
    if(NULL==fp)
    {
        printf("创建或打开文件失败!\n");
        exit(0);
    }
    scanf("%s",&str);
```

```
    fprintf(fp, "%s\n",str);
    fclose(fp);
    getch();
    return 0;
}
```

11. 参考答案：

```
#include <stdio.h>
#include <stdlib.h>
int main()
{
    FILE *fp;
    char ch,fname[10];
    printf("Please input the file name:\n");
    gets(fname);
    if((fp= fopen(fname, "w"))==NULL)
    /*新建一个名字由字符数组 fname 的元素组成的文件，采用的方式是只读方式*/
    {
        printf("Open it error!\n");
        exit(0);
    }           /*关闭当前打开的文件并结束程序运行*/
    else
    {
        printf("Please enter the content:\n");
        while((ch=getchar())!='#')
            fputc(ch,fp);   /*将字符型变量 ch 的值输出到文件指针 fp 指向的文件中*/
    }
    fclose(fp);
    return 0;
}
```

12. 参考答案：

```
#include <stdio.h>
#define TRUE 1
#define FALSE 0
int isexist(char*str)
{
    FILE *fp;
    if((fp=fopen(str, "r"))!=NULL)
        return TRUE;
    else
        return FALSE;
```

```
    }
    int main()
    {
        char fname[30];
        printf("Enter a file name: ");
        fscanf(stdin, "%s",fname);
        if(isexist (fname))
            printf("File %s exist.\n",fname);
        else
            printf("File %s do not exist.\n",fname);
        return 0;
    }
```

13. 参考答案:

```
#include <stdio.h>
#include <stdlib.h>
int main()
{
    FILE *fp;
    char ch;
    fp=fopen("file1", "r");
    if(fp==NULL)
        printf("文件打开失败!\n");
    else
    {
        while(!feof(fp))
        {
            ch=fgetc(fp);
            printf("%c%c",ch,ch);
        }
        printf("\n");
    }
    return 0;
}
```

练习题

一、填空题

1. 以下程序打开新文件 f.txt，并调用字符输出函数将 a 数组中的字符写入其中，请填空。

```
#include <string.h>
int main()
{
```

```c
(【1】) *fp;
    char a[5]={1,2,3,4,5},i;
    fp=fopen{"f,txt","w"};
    for(i=0;i<5;i++)
        fputc(a[i],fp);
    fclose(fp);
    return 0;
}
```

2. 以下程序运行后的输出结果是（【2】）。

```c
#include <stdio.h>
int main()
{
    FILE *fp;
    int x[6]={1,2,3,4,5,6},i;
    fp=fopen("test.dat", "wb");
    fwrite(x,sizeof(int),3,fp);
    rewind(fp);
    fread(x,sizeof(int),3,fp);
    for(i=0;i<6;i++)
        printf("%d",x[i]);
    printf("\n");
    fclose(fp);
    return 0;
}
```

3. 从名为 filea.dat 的文本文件中逐个读入字符并显示在屏幕上。请填空。

```c
#include <stdio.h>
int main()
{
    FILE *fp;
    char ch;
    fp=fopen(【3】);
    ch=fgetc(fp);
    while(!feof(fp))
    {
        putchar(ch);
        ch=fgetc(fp);
    }
    putchar('\n');
    fclose(fp);
    return 0;
```

```
}
```

4. 以下程序打开文件后，先利用 fseek 函数将文件位置指针定位在文件末尾，然后调用 ftell 函数返回当前文件位置指针的具体位置，从而确定文件长度，请填空。

```
#include <stdio.h>
int main()
{
    FILE *fp;
    long f1;
    fp=fopen("test.dat","rb");
    fseek(【4】,SEEK_END);
    f1=ftell(fp);
    fclose(fp);
    printf("%d\n";f1);
    return 0;
}
```

5. 以下程序用来判断指定文件是否能正常打开，请填空。

```
#include <stdio.h>
int main()
{
    FILE *fp;
    if ((fp=fopen("test.txt","r"))==【5】)
        printf("未能打开文件!\n");
    else
        printf("文件打开成功!\n");
    return 0;
}
```

二、选择题

1. 以下函数不能用于向文件写入数据的是（   ）。

A. ftell   B. fwrite   C. fputc   D. fprintf

2. 设 fp 已定义，执行语句"fp=fopen("file", "w");"后，以下针对文本文件 file 操作叙述的选项中正确的是（   ）。（二级考试真题 2011.3）

A. 写操作结束后可以从头开始读   B. 只能写不能读

C. 可以在原有内容后追加写   D. 可以随意读和写

3. 有以下程序：

```
#include <stdio.h>
int main()
{
    FILE *fp;
    char str[10];
    fp=fopen("myfile.dat","w");
```

```
        fputs("abc", fp);
        fclose(fp);
        fp=fopen("myfile.dat","a+");
        fprintf(fp, "%d",28);
        rewind(fp);
        fscanf(fp, "%s",str);
        puts(str);
        fclose(fp);
        return 0;
}
```

程序运行后的输出结果是（　　）。

    A．abc   B．28c   C．abc28   D．因类型不一致而出错

4．有以下程序：

```
#include <stdio.h>
int main()
{
        FILE *fp;
        char *s1="China",*s2="Beijing";
        fp=fopen("abc.dat","wb+");
        fwrite(s2,7,1,fp);
        rewind(fp);
        fwrite(s1,5,1, fp);
        fclose(fp);
        return 0;
}
```

以上程序执行后 abc.dat 文件的内容是（　　）。（二级考试真题 2007.9）

    A．China   B．Chinang   C．ChinaBeijing   D．BeijingChina

5．读取二进制文件的函数调用形式为"fread(buffer,size,count,fp);"，其中 buffer 代表的是（　　）。

    A．一个文件指针，指向待读取的文件

    B．一个整型变量，代表待读取的数据的字节数

    C．一个内存块的首地址，代表读入数据存放的地址

    D．一个内存块的字节数

6．以下叙述中错误的是（　　）。

    A．gets 函数用于从终端读入字符串

    B．getchar 函数用于从磁盘文件读入字符

    C．fputs 函数用于把字符串输出到文件

    D．fwrite 函数用于以二进制形式输出数据到文件

7．有以下程序：

```
#include <stdio.h>
int main()
```

```
{
    FILE *fp;
    int k,n,i,a[6]={1,2,3,4,5,6};
    fp=fopen("d2.dat","w");
    for(i=0;i<6; i++)
        fprintf(fp,"%d\n",a[i]);
    fclose(fp);
    fp=fopen("d2.dat","r");
    for(i=0;i<3; i++)
        fscanf(fp,"%d%d",&k,&n);
    fclose(fp);
    printf("%d,%d\n",k,n);
    return 0;
}
```

程序运行后的输出结果是（　　）。

    A. 1,2　　　　　　B. 3,4　　　　　　C. 5,6　　　　　　D. 123,456

8. 在 C 语言中，对文件操作的一般步骤是（　　）。

    A. 打开文件，操作文件，关闭文件

    B. 操作文件，修改文件，关闭文件

    C. 读/写文件，打开文件，关闭文件

    D. 读文件，写文件，关闭文件

9. 以读/写方式打开一个已有的文本文件 file1，并且已定义 FILE *fp；下面 fopen 函数正确的调用方式是（　　）。

    A. fp=fopen("file1","r")　　　　　　　　B. fp=fopen("file1","r+")

    C. fp=fopen("file1","rb")　　　　　　　　D. fp=fopen("file","w")

10. fread(buf,64,2,fp)的功能是（　　）。

    A. 从 fp 文件流中读出整数 64，并存放在 buf 中

    B. 从 fp 文件流中读出整数 64 和 2，并存放在 buf 中

    C. 从 fp 文件流中读出 64 字节的字符，并存放在 buf 中

    D. 从 fp 文件流中读出 2 个 64 字节的字符，并存放在 buf 中

三、程序设计

1. 从键盘输入一个字符串，将其中的小写字母全部转换成大写字母，然后输出到一个磁盘文件"test"中保存，输入的字符串以"!"表示结束。

2. 编程实现将一个名为 old.dat 的文件拷贝到一个名为 new.dat 的新文件中。

3. 编写程序统计文件中的字符个数。

第11章　预处理命令

知识框架图

知识框架图如图 2-11-1 所示。

图 2-11-1　知识框架图

知识点介绍

11.1　宏定义

（一）不带参数的宏定义

1．一般形式

#define 标识符 替换列表

其中标识符也称为宏名。宏定义实现的功能是程序中的所有标识符都直接用替换列表来替换，主要替换列表为表达式，是直接替换，不是用表达式的值替换标识符。

2．注意事项

（1）此处的标识符默认用大写字母表示。

（2）预处理顾名思义是提前处理，所以一般放在程序最前面。

（3）宏名若在程序中用任意符号括起来均不再是宏名。（见课本例 11.1）

3．示例解析

【示例 11-1】以下程序的输出结果是（　　）。

```
#include <stdio.h>
#define A 2+3
int main()
{
    int b;
    b=A*A;
    printf("%d\n",b);
    return 0;
}
```

正确答案：11

解析：程序中的语句"b=A*A;"替换为"b=2+3*2+3"，计算结果为 b=2+6+3=11，而不是 b=5*5，这一点一定要特别注意。

【示例 11-2】以下程序的输出结果是（　　）。（二级考试真题 2007.9）

```
#include <stdio.h>
#define M 5
#define N M+M
int main()
{
    int k;
    k=N*N*5;
    printf("%d\n",k);
    return 0;
}
```

正确答案：55

解析：表达式 k=N*N*5 中 N 用 M+M 直接替换，替换结果为 k=M+M*M+M*5，M 用 5 直接替换，结果为 k= 5+5*5+5*5=55。

（二）带参数的宏定义

1. 一般形式

#define 宏名(形参表) 替换列表

2. 宏调用

一般形式为：宏名(实参表)

与不带参数宏的实现功能不同的是多了宏调用，宏调用类似于第 7 章一般函数的调用，是将实参的值传递给形参，同时进行宏替换。

3. 示例解析

【示例 11-3】以下程序的输出结果是（　　）。

```
#include <stdio.h>
#define Y(n) 3+n
int main()
{
    int z;
    z=2*(2*Y(5));
    printf("%d\n",z);
    return 0;
}
```

正确答案：22

解析：执行语句"z=2*(2*Y(5));"的运算步骤如下。

（1）宏替换，Y(5)直接用 3+n 替换，替换为 z=2*(2*3+n)。

（2）宏调用，将实参 5 传递给形参 n，即 n=5，表达式为 z=2*(2*3+5)，计算结果为 z=22。

【示例 11-4】若将上题宏定义改为：#define Y(n) (3+n)，程序的输出结果是（　　）。

正确答案：32

解析：运算步骤同上。

（1）宏替换，Y(5)直接用(3+n)替换，替换为 z=2*(2*(3+n))。

（2）宏调用，将实参 5 传递给形参 n，即 n=5，表达式为 z=2*(2*(3+5))，计算结果为 z=32。

【示例 11-5】以下程序的输出结果是（　　）。（二级考试真题 2012.3）

```c
#include <stdio.h>
#define S(x) (x)*x*2
int main()
{
    int k=5,j=2;
    printf("%d,",S(k+j ));
    printf("%d\n",S(k–j));
    return 0;
}
```

  A．98,18   B．39,11   C．39,18   D．98,11

正确答案：B

解析：运算步骤如下。

（1）宏替换：S(k+j)直接用(x)*x*2 替换，k+j 替换表达式中的 x，替换结果为(k+j)*k+j*2。S(k–j)直接用(x)*x*2 替换，k–j 替换表达式中的 x，替换结果为(k–j)* k–j*2。

（2）计算：将"k=5,j=2"带入（1）中两表达式后，S(k+j)=39，S(k–j)=11。

11.2　"文件包含"处理

（一）文件包含命令的形式

1. 两种形式

#include <文件名>

#include "文件名"

通常，若要包含系统文件（如标准库文件）时一般用第一种形式；若要包含自己定义的文件时，该文件又存放在与被处理源程序相同的目录下，用第二种形式。

2. 文件包含命令的处理过程

首先查找所需文件，找到后就用该文件的内容取代当前文件里这个包含命令行。替换进来的文件里仍可能有预处理命令，它们也将被处理，如图 2-11-2 所示。A 文件为 file1.c，B文件为 file1.c，A 文件中用到了 B 文件，只需要在前面加上#include"file2.c 即可。

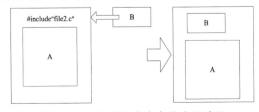

图 2-11-2　文件包含命令的处理过程

3. 文件包含的优点

文件包含的主要优点是对于共享的数据或函数，可以集中到一个或几个文件中，使用时用#include 将所需文件包含进来即可，从而减少文件的重复定义。

（二）说明

（1）文件包含的处理方法。以"#"开头，在预处理阶段系统自动进行处理。

（2）一条#include 命令只能包含一个头文件，如果要包含多个头文件则使用多条#include 命令。

（3）文件包含允许嵌套，即在一个被包含的文件中又可以包含另一个文件。

（4）一般情况下文件包含分为两种：包含.h 文件和包含.c 文件。

11.3 条件编译

条件编译是指某些语句行在某些条件满足的情况下才进行编译。

条件编译命令的三种形式中需要注意的是，第一种形式用到#ifdef 命令，第二种形式用到#ifndef 命令，功能正好相反。

重点难点分析

本章需要重点掌握预处理的基本概念，掌握宏定义的形式（带参数的宏定义、不带参数的宏定义），掌握文件包含的形式和应用，了解条件编译的定义形式和应用。难点是带参数的宏定义，文件包含的应用。

部分课后习题解析

1. 宏替换是直接替换，此题注意是 20+30 直接替换表达式中的 B。

3. 带参数的宏定义，形参 x 用 1+2 替换，注意不是 3 替换 x。

4. 带参数的宏定义，实参 x、y 的值 3、4 传递给形参 a、b，(a>b)?a:b 这个表达式是条件表达式，a>b 为真结果为 a，否则结果为 b。

5. A 由 3+2 而不是 5 替换，B 即是 3+2*3+2，B/B=3+2*3+2/3+2*3+2。

6. 带参数的宏定义，分别用三个实参替换形参 A、B、c。(A)?(B):(c)是条件表达式，A 为真，结果为 B，否则结果为 c。

7. 宏定义可以定义多条语句，在宏调用时，把这些语句替换到源程序内。

参考程序：

```
#include <stdio.h>
#define swap(a,b,t) t=a;a=b;b=t
int main()
{
    int a,b;
    int t;
    scanf("%d%d",&a,&b);
    swap(a,b,t);
    printf("%d %d\n",a,b);
```

```
        return 0;
}
```

9. 既有带参数的宏定义，又有条件编译。

```c
#define XY(X) X?1:0
#include <stdio.h>
int main()
{
    char s[]={"1234567890"},*p=s;          /*指针 p 指向数组始址*/
    int i=0;
    do
    {
        printf("%c",*(p+i));               /*输出指针(p+i)所指字符*/
        #if XY(1)                          /*实参始终为 1，传递给形参 X，表达式 X?1:0 结果始终是 1*/
            i+=2;                          /*每次条件编译都为真，每次都执行 i+=2*/
        #else
            i++;
        #endif
    }while(i<10);
    return 0;
}
```

所以程序的运行结果是："13579"。

11. 参考程序：

```c
#include <stdio.h>
#define MAX(a,b,c)    (a>b?(a>c?a:c):(b>c?b:c))
float fun(float a,float b,float c)
{
    float max=a;
    if(b>max)
        max=b;
    if(c>max)
        max=c;
    return max;
}
int main()
{
    float a,b,c;
    scanf("%f %f %f",&a,&b,&c);
    printf("%.3f\n",fun(a,b,c));
    printf("%.3f",MAX(a,b,c));
    return 0;
```

```
}
```

练习题

1. C 语言的编译系统对宏命令是（　　）。

    A. 在程序运行时进行代换处理的

    B. 在程序连接时进行处理的

    C. 和源程序中其他 C 语句同时进行编译的

    D. 在对源程序中其他成分正式编译之前进行处理的

2. 以下正确的描述为（　　）。

    A. 每个 C 语言程序必须在开头用预处理命令：#include <stdio.h>

    B. 预处理命令必须位于 C 源程序的首部

    C. 在 C 语言中预处理命令都以 "#" 开头

    D. C 语言的预处理命令只能实现宏定义和条件编译的功能

3. 下列程序执行后，输出的结果是（　　）。

```c
#include <stdio.h>
#define EX(y) 3.66+y
#define PRINT(x) printf("%d",(int)(x))
int main()
{
    int m=4;
    PRINT(EX(5)*m);
    return 0;
}
```

    A. 23   B. 20   C. 10   D. 0

4. 设有以下宏定义：

```c
#define N 3
#define Y(n) ((N+1)*n)
```

执行语句 "z=2*(N+Y(5+1));" 后，z 的值为（　　）。

    A. 出错   B. 42   C. 48   D. 54

5. 下列程序执行后，输出的结果是（　　）。

```c
#include <stdio.h>
#define SQR(x) x*x
int main()
{
    int a=10,k=2,m=1;
    a/=SQR(k+m)/SQR(k+m);
    printf("%d",a);
    return 0;
}
```

A. 10   B. 1   C. 9   D. 0

6. 下列程序执行后，输出的结果是（　　）。

```c
#include <stdio.h>
#define N 2
#define M N+2
#define CUBE(x) (x*x*x)
int  main()
{
    int j; j=M;
    j =CUBE(j);
    printf("%d\n",j);
    return 0;
}
```

   A. 8   B. 10   C. 12   D. 64

7. 设有以下宏定义：

```c
#define S(x) x/x
int a=4,b=3,area;
```

执行语句 "area=S(a+b);" 后，area 的值为（　　）。

   A. 1   B. 4   C. 7   D. 8

8. 若有以下宏定义：#define N 3;，执行语句 "i=N*3;" 后，i 的值是（　　）。

   A. 3   B. 6   C. 9   D. 以上选项都不对

9. 若有以下宏定义：

```c
#define X 5
#define Y X+1
#define Z Y*X/2
```

则执行以下 printf 语句后，输出结果是（　　）。

```c
int a=Y;
printf("%d,",Z);
printf("%d\n",--a);
```

   A. 7,6   B. 12,6   C. 12,5   D. 7,5

10. 若有以下宏定义：

```c
#define N 2
#define Y(n) ((N+1)*n)
```

则执行语句 "z=2*(N+Y(5));" 后的结果是（　　）。

   A. 语句有错误   B. z=34   C. z=70   D. z 无定值

11. 若有以下宏定义：#define MOD(x,y) x%y，则执行以下语句后，输出结果是（　　）。

```c
int z,a=15,b=100;
z=MOD(b,a);
printf("%d\n",z++);
```

   A. 11   B. 10   C. 6   D. 宏定义不合法

12. 以下程序的运行结果是（　　）。

```
#include <stdio.h>
#define MAX(A,B) (A)>(B)?(A):(B)
#define PRINT(Y) printf("Y=%d\n",Y)
int main()
{
    int a,b,c,d,t;
    a=1;b=2;c=3;d=4;
    t=MAX(a+b,c+d);
    PRINT(t);
    return 0;
}
```

　　A．Y=3　　　　B．存在语法错误　　　　C．Y=7　　　　D．Y=0

13. 为了求 i 的 3 次方，请选择一个表达式填入以下程序，使程序可以正确运行。

```
#include <stdio.h>
#define CUBE(x) (x*x*x)
int main()
{
    int i=4;
    printf("%d\n",CUBE(    ));
    return 0;
}
```

A．i*i*I　　　　B．x*x*x　　　　　　C．x　　　　　　　　D．i

第 12 章 　 位运算

知识框架图

知识框架图如图 2-12-1 所示。

图 2-12-1 　 知识框架图

知识点介绍

12.1 　 位运算符和位运算

C 语言提供了~、<<、>>、&、^、|6 种位运算符，<<=、>>=、&=、^=、|=5 种复合运算符。其中只有 "~" 为单目运算符，其余全为双目运算符。运算对象只能是整型或字符型的数据，不能为实型数据。

（一）位运算符

1. 按位与运算(&)

按位与运算只有当对应的两个二进制位均为 1 时，结果位才为 1，否则为 0。注意参与运算的数据以二进制的补码形式出现。

（1）运算规则：0&0=0　　　0&1=0　　　1&0=0　　　1&1=1

（2）示例。

【示例 12-1】请写出 9&-4 的补码按位与运算结果。

$$
\begin{array}{ll}
\quad\ 00001001 & （9 的二进制补码）\\
\&\ \ 11111100 & （-4 的二进制补码）\\
\hline
\quad\ 00001000 & （8 的二进制补码）
\end{array}
$$

（3）用途：特定位清零和保留指定位。

2. 按位或运算（|）

按位或运算只要对应的两个二进制位有一个为 1 时，结果位就为 1。参与运算的两个数均以补码出现。

（1）运算规则：0|0=0　　　0|1=1　　　1|0=1　　　1|1=1

（2）示例。

【示例 12-2】请写出 9 和-4 的补码按位或运算结果。

```
  00001001                          （9 的二进制补码）
| 11111100                          （-4 的二进制补码）
  11111101                          （-3 的二进制补码）
```

（3）用途：将数据的某些特定位值设置为 1，其余各位不变。

3. 按位异或运算（^）

按位异或运算当对应的二进制位相异时，结果为 1，否则为 0。参与运算的数仍以补码出现。

（1）运算规则：0^0=0   0^1=1   1^0=1   1^1=0

（2）示例。

【示例 12-3】请写出 9 和-4 的补码按位异或运算结果。

```
  00001001                          （9 的二进制补码）
^ 11111100                          （-4 的二进制补码）
  11110101                          （-11 的二进制补码）
```

（3）用途：用"1"使特定位翻转和不需要临时变量就可实现两个数的交换。

4. 按位取反运算（~）

按位取反运算是对一个二进制数的每一位都取反，即 0 变 1，1 变 0。它是单目运算符，优先级比所有双目运算符都高，右结合性。

5. 左移运算（<<）

（1）功能。

左移运算符"<<"是用来将一个数的各二进制位全部左移若干位，左移时高位丢弃，低位补 0。

（2）一般格式。

表达式 1<<表达式 2

实现将表达式 1 向左移表达式 2 位。

（3）计算方法。

二进制数左移 1 位后结果为原数的 2 倍，左移 2 位后结果为原数的 2^2 倍，……，左移 n 位后结果为原数的 2^n 倍，计算方法参考十进制的左移，举一反三。

6. 右移运算（>>）

（1）功能。

右移运算符">>"是用来将一个数的各二进制位全部右移若干位，需要注意对于有符号数和无符号数的右移是不同的。无符号数直接右移即可。有符号数右移时，符号位将随同移动，当为正数时，最高位补 0，而为负数时，符号位为 1，最高位是补 0 还是补 1 取决于编译系统的规定。Turbo C 和很多系统都规定为补 1。

（2）一般格式。

表达式 1>>表达式 2

实现将表达式 1 向右移表达式 2 位。

（3）计算方法。

二进制数右移 1 位后结果为原数/2，右移 2 位后结果为原数/2^2，……，右移 n 位后结果为原数/2^n，计算方法同样参考十进制的右移，举一反三。

因为位运算比"/"运算快，所以可对表达式"x=x/2"进行优化，优化为表达式"x=x>>1"。

（二）示例

【示例12-4】计算2>>1的值。

解析：整数2的补码为00000010，右移1位结果为00000001，即1的补码。所以2>>1的值是1。

【示例12-5】计算负数10100110>>5的值，则得到的是11111101。

解析：10100110是负数，说明是有符号数，是十进制数–90的补码，右移5位，最高位全补1，结果是11111101，是十进制数–3的补码。所以10100110>>5的值是–3。

12.2 复合赋值运算符

（一）五种运算符

位运算符和赋值运算符"="组合成复合赋值运算符，总共有5种：

a&=b 即 a=a&b　a^=b 即 a=a^b　a|=b 即 a=a|b　a<<=2 即 a=a<<2　a>>=2 即 a=a>>2

（二）示例

【示例12-6】char a=2,b=4，求表达式a&=b的值。

解析：a&=b等价于a=a&b，a与b的二进制补码进行按位与运算：

```
    00000010          （2的二进制补码）
&   00000100          （4的二进制补码）
    00000000
```

结果为0。

✎ 重点难点分析

本章需要重点掌握6种位运算符及运算规则。难点是位运算的运算规则，利用位运算符解决实际问题。

✎ 部分课后习题解析

1. 先分别表示出a、b的二进制补码形式，然后按照运算符优先级由高到低进行运算，此题中运算顺序是>>、^、=。

2. 此题需要掌握右移的计算方法，二进制数右移1位后结果为原数/2，右移2位后结果为原数/2^2，……，右移n位后结果为原数/2^n。

3. 同上题。

4. 二进制数左移1位后结果为原数的2倍，左移2位后结果为原数的2^2倍，……，左移n位后结果为原数的2^n倍，计算方法参考十进制的左移，举一反三。

5. 按位与的用途：特定位清零和保留指定位。

参考程序：

```
#include <stdio.h>
int main()
{
```

```
    int a,b,c,d;
    scanf("%o",&a);
    b=a>>4;                              /*将 a 右移 4 位*/
    c=~(~0<<6)                           /*c 最后 6 位全为 1，其余位全为 0*/
    d=b&c;                               /*按位与运算规则：与 0 按位与清零，与 1 按位与则保留原值*/
    printf("%o,%d\n%o,%d\n",a,a,d,d);
    return 0;
}
```

6. 参考程序：

```
#include <stdio.h>
int main()
{
    int a,b,i;
    printf("请输入一个正整数:");
    scanf("%d",&a);
    b=1<<15;                       /*构造一个最高位为 1、其余各位为 0 的整数*/
    printf("%d=",a);
    for(i=1;i<=16;i++)
    {   putchar(a&b?'1':'0');        /*输出最高位的值（1/0）*/
        a<<=1;                       /*将次高位移到最高位上*/
        if(i%4==0)
            putchar(' ');            /*四位一组用空格分开*/
    }
    printf("\bB\n");
    return 0;
}
```

✎ 练习题

一、填空题

1. 与表达式 a&=b 等价的另一种书写形式是_____。

2. 以下程序段的输出结果是_____。

   ```
   int a=1,b=2;
   if(a&b) printf("***\n");
   else printf("$$$\n");
   ```

3. 以下程序段的输出结果是_____。

   ```
   int a=-1;
   a=a|0377;
   printf("%d,%o\n",a,a);
   ```

4. 以下程序段的输出结果是_____。

```
int m=20,n=025;
if(m^n) printf("mmm\n");
else printf("nnn\n");
```

5. 以下程序段的输出结果是_____。

```
int x=1;
printf("%d\n",~x);
```

6. 以下程序段的输出结果是_____。

```
unsigned a,b;
a=0x9a;
b=~a;
printf("a:%x,b:%x\n",a,b);
```

7. 以下程序段的输出结果是_____。

```
char a=-8;
unsigned char b=248;
printf("%d,%d",a>>2,b>>2);
```

8. 以下程序段的输出结果是_____。

```
unsigned char a,b;
a=0x1b;
printf("0x%x\n",b=a<<2);
```

9. 若 x=0123，则表达式(5+(int)(x))&(~2)的值是_____。

10. 设 int b=2;，表达式(b<<2)/(b>>1)的值是_____。

11. 以下程序段的输出结果是_____。

```
int x=040;
printf("%o",x<<1);
```

二、选择题

1. 变量 a 中的数据用二进制的补码表示的形式是 01011101，变量 b 中的数据用二进制的补码表示的形式是 11110000。若要求将 a 的高 4 位取反，低 4 位不变，所要执行的运算是（   ）。

 A．a^b   B．a|b   C．a&b   D．a<<4

2. 有以下程序段：

```
char a=4;
printf("%d\n",a=a<<1);
```

运行结果是（   ）。

 A．40   B．16   C．8   D．4

3. 有以下程序段：

```
unsigned char a,b,c;
a=0x3;
b=a|0x8;
c=b<<1;
printf("%d %d\n",b,c);
```

运行后的输出结果是（   ）。

A. -11 12   B. -6 -13   C. 12 24   D. 11 22

4. 整型变量 X 和 Y 的值相等，且为非 0 值，则以下选项中结果为 0 的表达式是（ ）。

     A. X||Y   B. X|Y   C. X&Y   D. X^Y

5. 有以下程序段：

```
unsigned char a=2,b=4,c=5,d;
d=a|b;
d&=c;
printf("%d\n",d);
```

运行后的输出结果是（ ）。

     A. 3   B. 4   C. 5   D. 6

6. 设有以下语句：

```
int a=1,b=2,c;
c=a^(b<<2);,
```

执行后 c 的值为（ ）。

     A. 6   B. 7   C. 8   D. 9

7. 以下程序段的功能是进行位运算：

```
unsigned char a,b;
a=7^3;
b=~4&3;
printf("%d %d\n",a,b);
```

程序运行后的输出结果是（ ）。

     A. 4 3   B. 7 3   C. 7 0   D. 4 0

8. 有以下程序段：

```
unsigned char a,b;
a=4|3;
b=4&3;
printf("%d %d\n",a,b);
```

执行后的输出结果是（ ）。

     A. 7 0   B. 0 7   C. 1 1   D. 43 0

9. 设有以下语句

```
char a=3,b=6,c;
c=a^b<<2;
```

则 c 的二进制值是（ ）。

     A. 00011011   B. 00010100   C. 00011100   D. 00011000

10. 有以下程序段：

```
int x=3, y=2, z=1;
printf("%d\n",x/y&~z);
```

运行后的输出结果是（ ）。

     A. 3   B. 2   C. 1   D. 0

11. 有以下程序段：

```
int x=3, y=2, z=1;
printf("%d\n",x/y&~z);
```
程序运行后的输出结果是（   ）。

  A．3   B．2   C．1   D．0

12．有以下程序段：

```
unsigned char a,b;
a=3|2;
b=3&2;
printf("%d %d\n",a,b);
```
执行后的输出结果是（   ）。

  A．1 1   B．3 2   C．0 0   D．3 1

13．有以下程序段：

```
unsigned char a=2,b=4,c=5,d;
d=a|b;
d&=c;
printf("%d\n",d);
```
程序运行后的输出结果是（   ）。

A．3   B．4   C．5   D．6

第三部分

附　录

附录I 第二部分学习辅导习题答案

第1章

一、填空题

1. 符号语言、高级语言　　2. 函数、main()　　3. 目标程序、可执行程序

二、选择题

1~5：CCBBC　　　　6~7：CB

三、程序设计

方法一：

```
#include <stdio.h>

int main()

{
    printf("*****************\n");
    printf("  C 语言程序设计\n");
    printf("*****************\n");
    return 0;
}
```

方法二：

```
#include<stdio.h>

int main()

{
    printf("*****************\n  C 语言程序设计\n*****************\n");
    return 0;
}
```

第2章

一、填空题

1. 7、26　　2. 30、0

二、选择题

1~5：BCADB　　　　6~10：ACDCA　　　11~14：BBAC

第3章

一、填空题

1. stdio.h　　2. ;（分号）　　3. 变量、表达式　　4. x*x/(3*x+5)　　5. −14

二、选择题

1~3：BBB

三、改错题

1.（1）stdoi.h 改为 stdio.h （2）main 后应加() （4）this 改为 This

（5）o 改为 0 （6）去掉一个}

2.（1）缺少# （5）a,b 应改为&a,&b （7）l=a+b;改为 l=2*(a+b);

（8）s=%f,l=%f 改为 s=%d,l=%d （9）缺少；

四、读程序写结果

1. 68 2. x=4,y=11

五、编程序

参考程序：

```c
#include <stdio.h>
int main()
{
    float a,b,temp;
    printf("input a and b:");
    scanf("%f,%f",&a,&b);
    temp=a;
    a=b;
    b=temp;
    printf("a=%f,b=%f\n",a,b);
    return 0;
}
```

第4章

一、填空题

1. 2、1 2. else、if 3. 0、1 4. 1、0 5. 逗号运算符、赋值运算符

6. if-else 语句的嵌套、switch 语句

二、选择题

1~5：DBDBB 6~10：CDBDD

三、改错题

1.（5）x 前面加上& （8）||符号改为&&（或 if(x<=10)） （9）2x-1 改为 2*x-1

（11）3x-1 改为 3*x-1 （12）把 y 前面的&符号去掉

2.（3）缺少（） （7）scanf("%f%f%f",&a,&b,&c); （8）两个||都为&&

（8）if 语句后面的;应去掉 （12）应去掉 area 前面的&

四、读程序写结果

1. min= -34 2. 5 3. 1 4. ABother 5. Q

五、编程序

1. 参考程序：

```c
#include <stdio.h>
```

```
int main()
{
    int a;
    printf("Input a:");
    scanf("%d",&a);
    if(a%5==0&&a%7==0)    printf("yes\n");
    else    printf("no\n");
    return 0;
}
```

2. 参考程序：

```
#include <stdio.h>
int main()
{
    int a,b,c,t;
    scanf("%d%d%d",&a,&b,&c);
    if(a<b){t=a;a=b;b=t;}
    if(a<c){t=a;a=c;c=t;}
    if(b<c){t=b;b=c;c=t;}
    printf("%d,%d,%d\n",a,b,c);
    return 0;
}
```

第5章

一、填空题

1. while 语句、for 语句   2. 4、4   3. 判断条件表达式、执行循环体语句

4. while、for（表达式 1;表达式 2;表达式 3）语句

二、选择题

1~5：BDCBA   6~9：CCCA

三、判断题

1. ×   2. √   3. ×   4. √   5. √   6. √   7. √   8. √   9. ×   10. √

四、改错题（每题错误 5 处，要求列出错误所在的程序行号并修改）

1.（1）去掉分号   （4）加入 sum=1   （6）scanf("%d",&n);

  （8）while(i<=n)   （12）printf("sum=%ld",sum);

2.（2）int main()   （4）long sum=0;   （5）for(n=100;n<=300;n++)

  （7）if(n%3==0)   （8）sum=sum+n;

3.（1）去掉分号   （3）1 改为 0   （4）去掉分号

  （6）sum=%d\n 加双引号   （7）return 0;

五、读程序写结果（或者选择正确答案）

1. 3,1,-1,   2. D   3. A   4. B   5. A   6. i=6,k=4   7. a=16 y=60

第6章

一、选择题

1~5：CDDAD

二、读程序写结果

1. 2.20　3.30　4.40　5.50　6.60　1.10　　　2. sum=6　　　3. −5

三、程序设计

1. 参考程序：

```c
#define N 5
#include <stdio.h>
int main()
{
    int num[N];
    int i,j,sum=0,count=0;
    float avg;
    printf("请输入%d 个整数\n",N);
    for(i=0;i<N;i++)
        scanf("%d",&num[i]);
    for(i=0;i<N;i++)
    {
        for(j=2;j<num[i];j++)
        {
            if(num[i]%j==0)
                break;
        }
        if(j>=num[i]-1)
        {
            sum=sum+num[i];
            count++;
        }
    }
    avg=sum/(float)count;
    printf("素数和为%d,平均值为%.2f\n",sum,avg);
    return 0;
}
```

2. 参考程序：

```c
#define N 5
#include <stdio.h>
int main()
{
```

```
int num[N+1]={-23,12,35,67,989},data;
int i,j,k,temp;
printf("已排好的数组如下:");
for(i=0;i<N;i++)
    printf("%-5d ",num[i]);
printf("\n");
printf("请输入要插入的数据");
scanf("%d",&data);
for(i=0;i<N;i++)
    if(num[i]>data)
        break;
for(j=N-1;j>=i;j--)
    num[j+1]=num[j];
num[i]=data;
for(i=0;i<=N;i++)
    printf("%-5d",num[i]);
printf("\n");
return 0;
}
```

3. 参考程序:

```
#define N 10
#include <stdio.h>
int main()
{
    int num[N][N];
    int i,j;
    for(i=0;i<N;i++)
    {
        num[i][0]=1;
        num[i][i]=1;
    }
    for(i=2;i<N;i++)
        for(j=1;j<i;j++)
            num[i][j]=num[i-1][j-1]+num[i-1][j];
    for(i=0;i<N;i++)
    {
        for(j=0;j<=i;j++)
            printf("%-5d",num[i][j]);
        printf("\n");
    }
}
```

```
        return 0;
    }
4. 参考程序：
#include <stdio.h>
#define N 5
#define M 3
int main()
{
    int num[N][M],max[N],sum=0;
    int i,j;
    printf("请输入%d 行%d 列的矩阵\n",N,M);
    for(i=0;i<N;i++)
     for(j=0;j<M;j++)
            scanf("%d",&num[i][j]);
    for(i=0;i<N;i++)
    {
       max[i]=num[i][0];
       for(j=1;j<M;j++)
            if(num[i][j]>max[i])
                    max[i]=num[i][j];
       sum=sum+max[i];
    }
    for(i=0;i<N;i++)
    {
       for(j=0;j<M;j++)
            printf("%-5d",num[i][j]);
       printf("max:%-5d",max[i]);
       printf("\n");
    }
    printf("最大值的和为%d\n",sum);
    return 0;
}
```

第 7 章

一、填空题

1. main()函数　　2. 函数首部、函数体　　3. 直接、间接　　4. 实参、形参　　5. 值、地址

二、选择题

1~5：DAADB　　　6~10：BACBA　　　11：D

三、程序设计

1. 参考程序：

```
#include <stdio.h>
int prime(int a)
{
    int i;
    for(i=2;i<a;i++)
      if(a%i==0)
            {return 0; break;}
    return 1;
}
int main()
{
    int x;
    printf("input x: ");
    scanf("%d",&x);
    if(prime(x)==1) printf("%d is a prime number.\n",x);
    else printf("%d is not a prime number.\n",x);
    return 0;
}
```

2. 参考程序：

```
#include <stdio.h>
void sort(float array[11])
{
    int i,j,t;
    for(i=1;i<10;i++)
      for(j=1;j<=10-i;j++)
        if(array[j]>array[j+1])
              {t=array[j];array[j]=array[j+1];array[j+1]=t;}
}
int main()
{
    float x[11];
    int i;
    printf("input 10 numbers:");
    for(i=1;i<=10;i++)
    {
        printf("No%d: ",i);
        scanf("%f",&x[i]);
    }
    sort(x);
    printf("The numbers after sorted:\n");
```

```
        for(i=1;i<=10;i++)
            printf("%f\t",x[i]);
        return 0;
    }
```

第 8 章

一、选择题

1~5：DDBBD   6~10：CCACD   11~15：BCCCB   16~19：BBAC   20：C、A

二、编程题

1. 参考程序：

```
#include <stdio.h>
int main()
{
    int m;
    char str1[20],str2[20],*p1,*p2;
    char strcmp(char *p1,char *p2);
    printf(" input two strings:\n");
    gets(str1);
    gets(str2);
    p1=&str1[0];
    p2=&str2[0];
    m=strcmp(p1,p2);
    printf("result:%d\n",m);
    return 0;
}
char strcmp(char *p1,char *p2)
{
    int i;
    i=0;
    while(*(p1+i)==*(p2+i))
    if(*(p1+i++)=='\0') return(0);
    return(*(p1+i)-*(p2+i));
}
```

2. 参考程序：

```
#include <stdio.h>
#include <string.h>
#define N 50
 void invstr(char *s)
{
    int i,j,L,m;
```

```
char c;
L=strlen(s);
m=(L-1)/2;
for(i=0,j=L-1;i<=m;i++,j--)
{
    c=*(s+i);
    *(s+i)=*(s+j);
    *(s+j)=c;
}
}
int main()
{
char s[N];
printf("请任意输入一个字符串(长度<%d)",N);
gets(s);
puts(s);
invstr(s);
printf("\n 请输出该字符串逆序后的结果:\n");
puts(s);
printf("\n\n\n");
return 0;
}
```

第 9 章

一、填空题

1. ex　　2. struct STRU　　3. (*b).day、b->day　　4. 13431　　5. p=p->next

二、选择题

1~5：ACADC　　　　6~10：DBADD

三、程序设计

1. 参考答案：

```
struct student
{
    int num;
    char name[10];
    double math_score;
    double computer_score;
};
#include <stdio.h>
int main()
{
```

```
struct student std[5],std_temp;
int i,j,temp;
double sum[5],aver[5];
for(i=0;i<5;i++)
{
    printf("输入第%d 学生的学号,姓名,数学成绩,计算机成绩:\n",i+1);
    scanf("%d%s%lf%lf",&std[i].num,&std[i].name,&std[i].math_score,&std[i].computer_score);
}
printf("您输入的学生信息为:\n");
for(i=0;i<5;i++)
    printf("学号:%-5d 姓名:%s 数学成绩:%3.2lf 计算机成绩: %3.2lf\n",std[i].num,std[i].name,
            std[i].math_score,std[i].computer_score);
for(i=0;i<5;i++)
{
    sum[i]=0;
    sum[i]=std[i].computer_score+std[i].math_score;
    aver[i]=sum[i]/2;
}
/*按最高分降序排列*/
for(i=0;i<4;i++)
{
        for(j=0;j<4-i;j++)
        {
                if(sum[j]<sum[j+1])
                {
                    /*交换最高分*/
                    temp=sum[j];
                    sum[j]=sum[j+1];
                    sum[j+1]=temp;
                    /*交换对应的学生信息*/
                    std_temp=std[j];
                    std[j]=std[j+1];
                    std[j+1]=std_temp;
                    /*交换平均分*/
                    temp=aver[j];
                    aver[j]=aver[j+1];
                    aver[j+1]=temp;
                }
        }
    }
```

```
printf("按最高分由高到低为:\n");
for(i=0;i<5;i++)
        printf(" 学 号 :%-5d 姓 名 :%s 数 学 成 绩 :%3.2lf 计 算 机 成 绩 :%3.2lf 总 分 :%3.2lf 平 均
             分:%3.2lf\n",std[i].num,std[i].name,std[i].math_score,std[i].computer_score,sum[i],aver[i]);
return 0;
}
```

2. 参考答案:

```
struct datetime
{
    int year;
    int month;
    int day;
};
#include <stdio.h>
int days(struct datetime);
int main()
{
    int count_day;
    struct datetime date;
    printf("请输入年月日:\n");
    scanf("%d%d%d",&date.year,&date.month,&date.day);
    count_day=days(date);
    printf("日期%d/%2d/%2d 是%d 的第%d 天\n",date.year,date.month,date.day,date.year,count_day);
    return 0;
}
int days(struct datetime date)
{
    int result=0;
    int year=date.year,month=date.month,day=date.day;
    switch(month-1)
    {
        case 12: result+=31;
        case 11: result+=30;
        case 10: result+=31;
        case 9: result+=30;
        case 8: result+=31;
        case 7: result+=31;
        case 6: result+=30;
        case 5: result+=31;
        case 4: result+=30;
```

```
        case 3: result+=31;
        case 2:
            if(year%400==0||year%100!=0&&year%4==0)
                result+=28;
            else
                result+=29;
        case 1: result+=31;
    }
    result+=day;        /*加上对应的月份的天数*/
    return result;
}
```

第 10 章

一、填空题

1. FILE   2. 123456   3. "filea.dat","r"   4. fp、0   5. NULL

二、选择题

1~5：ABCBC   6~10：BCABD

三、程序设计

1. 参考答案：

```
#include <stdio>
int main()
{
    FILE *fp;
    char str[80],filename[10];
    int i=0;
    if((fp=fopen("test","w"))==NULL)
    {
        printf("Cannot open file\n");
        exit(0);
    }
    printf("Input a string:\n");
    gets(str);
    while(str[i]!='!')
    {
        if (str[i]>='a'&&str[i]<='z')
            str[i]=str[i]-32;
        fputc(str[i],fp);
        i++;
    }
    fclose(fp);
```

```
        fp=fopen("test", "r");
        fgets(str,strlen(str)+1,fp);
        printf("%s\n",str);
        fclose(fp);
        return 0;
}
```

2. 参考答案:
```
#include <stdio.h>
int main()
{
        int c;
        FILE *fp1,*fp2;
        fp1=fopen("old.dat","r");
        fp2=fopen("new.dat","w");
        c=getc(fp1);
        while(c!=EOF)
        {
                putc(c,fp2);
                c=getc(fp1);
        }
        fclose(fp1);
        fclose(fp2);
        return 0;
}
```

3. 参考答案:
```
#include <stdio.h>
int main()
{
        FILE *fp;
        Long num=0L;
        if((fp=fopen("test.dat", "r")==NULL)
        {
                printf("open error\n");
                exit(0);
        }
        while(!feof(fp))
        {
                fgetc(fp);
                num++;
        }
```

```
        printf("num=%ld\n",num-1);

        fclose(fp);

        return 0;

    }
```

第 11 章

选择题

1~5：DCACB   6~10：DCDDB   11~13：BCD

第 12 章

一、填空题

1. a=a&b   2. $$$ 3. −1,37777777777   4. mmm   5. −2   6. a:9a、b:ffffff65

7. −2,62   8. 0x6c   9. 0130 或 88 或 0x58   10. 8   11. 100

二、选择题

1~5：ACDDB   6~10：DAAAD   11~13：DBB

附录Ⅱ　Visual C++ 2010 使用手册

　　Visual C++ 2010 为用户开发 C 程序提供了一个集成环境，这个集成环境包括：源程序的输入和编辑，源程序的编译、运行、调试和跟踪，项目的自动管理，为程序的开发提供各种工具，并具有窗口管理和联机帮助等功能。

　　使用 Visual C++ 2010 集成环境上机调试程序可分为如下几个步骤：启动 Visual C++ 2010 集成环境；创建项目；生成和编辑源程序；编译连接源程序；运行程序。下面详细介绍一下 Visual C++ 2010 的上机操作方法。

1．下载并安装 Visual C++ 2010

　　Visual C++ 2010 是微软公司发布的用于非商业用途的轻量级的 C/C++集成开发环境，属于 Visual Studio 2010 的一部分，可以从微软官网下载安装文件。

　　获取安装文件后，双击安装文件就可以一步步安装，如图 3-Ⅱ-1 所示。

图 3-Ⅱ-1　安装 Visual C++ 2010

2．启动 Visual C++ 2010

　　当在桌面上建立了 Visual C++ 2010 的图标后，可通过鼠标双击该图标启动 Visual C++ 2010；若没有建立相应的图标，则可以通过菜单方式启动 Visual C++ 2010，即用鼠标单击“开始”菜单，选择“所有程序”→“Microsoft Visual Studio 2010 express”→“Microsoft Visual C++ 2010 express”，启动 Visual C++ 2010。

　　Visual C++ 2010 启动成功后，就打开如图 3-Ⅱ-2 所示的 Visual C++ 2010 集成环境。

　　Visual C++ 2010 集成环境是一个组合窗口。窗口的第一部分为标题栏；第二部分为菜单栏，其中包括“文件”“编辑”“视图”“调试”“项目”“窗口”“工具”“帮助”菜单，并且这些菜单会随着打开文件的不同而有变化；第三部分为工具栏，其中包括常用的工具按钮；第四部分为状态栏。还有解决方案管理器、属性和文档大纲等几个子窗口。子窗口可以在“视图”菜单中随时打开或关闭。如果在使用过程中破坏了窗口布局，可以通过“窗口”中的“重置窗口布局”命令使窗口恢复初始状态。

图 3-Ⅱ-2　Visual C++ 2010 集成环境

3．生成源程序文件

生成源程序文件的操作步骤为：

（1）选择如图 3-Ⅱ-3 所示的"文件"菜单中的"新建"子菜单的"项目"命令，打开"新建项目"对话框。

图 3-Ⅱ-3　新建项目命令

（2）单击此对话框的"Win32"模板，选择"Win32 控制台应用程序"选项，如图 3-Ⅱ-4 所示。

图 3-Ⅱ-4　"新建项目"对话框

（3）设置项目名称、位置和解决方案名称。

若将项目保存在默认的文件存储路径下，则可以不必更改"位置"文本框，但如果想在其他地方存储源程序文件则需在对话框右半部分的"位置"文本框中输入文件的存储路径，也可以单击右边的"浏览…"按钮来选择路径（例如输入"C:\SourceCode\"，表示源程序文件将存放在"C:\SourceCode"目录下，当然，这么做还必须有个前提，就是电脑上必须已经建立了"C:\SourceCode"这个文件夹）。图 3-Ⅱ-4 中源文件的保存路径就为"C:\SourceCode"。

（4）在项目中新建 C 源程序文件，并输入源程序代码。

右击解决方案资源管理器中的"源文件"，在出现的快捷菜单中选择"添加"下的"新建项"命令，在出现的"添加新项"对话框的模板中选择"C++ 文件(.cpp)"选项，在"文件名"文本框中为将要生成的文件命名，此处为源程序命名为"circle.c"。界面如图 3-Ⅱ-5 所示。

图 3-Ⅱ-5　添加 c 源文件

【注意】

我们指定的文件名后缀为.c，如果输入的文件名为 circle.cpp，则表示要建立的是 C++源程序。如果不写后缀，系统会默认指定为 Visual C++ 2010 源程序文件，自动加上后缀.cpp，因此，我们编写二级 C 语言程序不能省略后缀.c。

3. 编辑源程序

单击图 3-Ⅱ-5 中的"添加"按钮后，弹出如图 3-Ⅱ-6 所示的编辑框，就可以输入程序代码了。

图 3-Ⅱ-6　编辑源程序

图 3-Ⅱ-6 中，输入的程序代码如下：

```
#include "stdio.h"
```

```
int main()
{
    printf("Hello,Spels!\n")
    return 0;
}
```

在输入过程中我们故意出了一个错误。输入完毕后，进入下一步骤。

4. 编译和运行程序

单击主菜单栏中的"调试"，在其下拉菜单中选择"开始执行（不调试）"项，执行结果如图3-Ⅱ-7所示。

图3-Ⅱ-7　执行源程序结果

屏幕下面的输出窗口指出执行结果，成功0个，失败1个。说明源程序没有成功执行。点击错误列表选项卡，如图3-Ⅱ-8所示，显示源程序有无错误，本例显示2个错误，0个警告。

图3-Ⅱ-8　错误列表

我们开始程序的调试，发现和改正程序中的错误，编译系统能检查程序中的语法错误。语法错误分为两类：一类是致命错误，以 error 表示，如果程序有这类错误，就通不过编译，无法形成目标程序，更谈不上运行了；另一类是轻微错误，以 warning（警告）表示，这类错误不影响生成目标程序和可执行程序，但有可能影响运行的结果，因此也应当改正，使程序既无 error 又无 warning。

进行改错时，双击调试信息窗口中的报错行，这时在程序窗口中出现一个粗箭头指向被报错的程序行（第4行），提示改错位置，如图3-Ⅱ-9所示。

图 3-Ⅱ-9　程序错误信息

根据 Visual C++ 2010 给出的错误提示，在相应的位置修改错误，例如本例中将在第 4 行添加一个分号，再选择"调试"菜单下的"开始执行（不调试）"重新编译，此时编译信息告诉我们：0 错误，0 警告，既没有致命错误（error），也没有警告错误（warning），执行成功，如图 3-Ⅱ-10 所示。

图 3-Ⅱ-10　执行成功

5．关闭程序

当完成程序编写后，选择"文件"→"关闭解决方案，如图 3-Ⅱ-11 所示，如果有没保存的内容，则弹出提示窗口，如图 3-Ⅱ-12 所示，单击"是"保存后退出当前的程序编辑窗口。

图 3-Ⅱ-11　关闭解决方案命令

图 3-Ⅱ-12　提示保存对话框

6. 打开程序文件

如果需要打开已经保存的文件，在 Visual C++ 2010 中选择"文件"→"打开"菜单，找到子菜单"项目/解决方案"，或单击工具栏中的"打开"小图标来打开"打开项目"对话框，如图 3-Ⅱ-13 和图 3-Ⅱ-14 所示。

图 3-Ⅱ-13　打开程序文件（1）　　　　　　　　　图 3-Ⅱ-14　打开程序文件（2）

从弹出的对话框中选择所需的"项目/解决方案"文件，打开该文件，项目中所有文件显示在编辑窗口。

如果修改后仍保存在原来的文件中，可以选择"文件"→"保存"，或用"Ctrl+S"快捷键或单击工具栏中的小图标来保存文件。另外，如果不想将源程序存放到原先指定的文件中，可以不选"保存"项，而选择"另存为"项，并在弹出的"另存为"对话框中指定文件路径和文件名。

附录 Ⅲ　编译与连接过程中常见的出错提示

编译、连接过程中，由于初学和录入阶段的击键失误，Visual C++ 2010 经常会提示程序有错。以下是一些常见的编译、连接期间的程序出错英文提示及相应的中文意思，供参考。

1.　常见编译错误

（1）error C2001：newline in constant

编号：C2001

直译：在常量中出现了换行。

错误分析：

① 字符串常量、字符常量中是否有换行。

② 在这条语句中，某个字符串常量的尾部是否漏掉了双引号。

③ 在这条语句中，某个字符串常量中是否出现了双引号字符"""，但是没有使用转义符"\""。

④ 在这条语句中，某个字符常量的尾部是否漏掉了单引号。

⑤ 是否在某条语句的尾部，或语句的中间误输入了一个单引号或双引号。

（2）error C2015：too many characters in constant

编号：C2015

直译：字符常量中的字符太多了。

错误分析：

单引号表示字符型常量。一般地，单引号中必须有且只能有一个字符（使用转义符时，转义符所表示的字符当作一个字符看待），如果单引号中的字符数多于 4 个，就会引发这个错误。

另外，如果语句中某个字符常量缺少右边的单引号，也会引发这个错误，例如：

　　　if (x=='x'||x=='y'){...}

（3）error C2137：empty character constant

编号：C2137

直译：空的字符定义。

错误分析：

原因是连用了两个单引号，而中间没有任何字符，这是不允许的。

（4）error C2018：unknown character '0x##'

编号：C2018

直译：未知字符'0x##'。

错误分析：

0x##是字符 ASCII 码的十六进制表示法。这里说的未知字符，通常是指全角符号、字母、数字，或者直接输入了汉字。如果全角字符和汉字用双引号包含起来，则成为字符串常量的一部分，是不会引发这个错误的。

（5）error C2041：illegal digit '#' for base '8'

编号：C2141

直译：在八进制中出现了非法的数字'#'（这个数字#通常是 8 或者 9 ）。

错误分析：

如果某个数字常量以"0"开头(单纯的数字 0 除外)，那么编译器会认为这是一个八进制数字。例如："089" "078""093"都是非法的，而"071"是合法的，等同于十进制中的"57"。

（6）error C2065：'xxxx' : undeclared identifier

编号：C2065

直译：标识符"xxxx"未定义。

错误分析：

① 如果"xxxx"是一个变量名，那么通常是程序员忘记了定义这个变量，或者拼写错误、大小写错误所引起的，所以，首先检查变量名是否正确（关联：变量，变量定义）。

② 如果"xxxx"是一个函数名，那就怀疑函数名是否没有定义。可能是拼写错误或大小写错误，当然，也有可能是所调用的函数根本不存在。还有一种可能，写的函数在调用所在的函数之后，而又没有在调用之前对函数原型进行声明。

③ 如果"xxxx"是一个库函数的函数名，比如"sqrt""fabs"，那么看看在 cpp 文件一开始是否包含了这些库函数所在的头文件（.h 文件）。例如，使用"sqrt"函数需要头文件 math.h。如果"xxxx"就是"cin"或"cout"，那么一般是没有包含"iostream.h"。

④ 如果"xxxx"是一个类名，那么表示这个类没有定义，可能性依然是：根本没有定义这个类，或者拼写错误，或者大小写错误，或者缺少头文件，或者类的使用在申明之前（关联：类，类定义）。

⑤ 标志符遵循先声明后使用原则。所以，无论是变量、函数名、类名，都必须先定义，后使用。如使用在前，声明在后，就会引发这个错误。

⑥ C++的作用域也会成为引发这个错误的陷阱。在花括号之内的变量，是不能在这个花括号之外使用的。类、函数、if、do(while)、for 所引起的花括号都遵循这个规则。

⑦ 前面某条语句的错误也可能导致编译器误认为这一句有错。如果前面的变量定义语句有错误，编译器在后面的编译中会认为该变量从来没有定义过，以致后面所有使用这个变量的语句都报这个错误。如果函数声明语句有错误，将会引发同样的问题。

（7）error C2086：'xxxx': redefinition

编号：C2086

直译："xxxx"重复声明。

错误分析：

变量"xxxx"在同一作用域中定义了多次。检查"xxxx"的每一次定义，只保留一个，或者更改变量名。

（8）error C2374: 'xxxx': redefinition; multiple initialization

编号：C2374

直译："xxxx"重复声明，多次初始化。

错误分析：

变量"xxxx"在同一作用域中定义了多次，并且进行了多次初始化。检查"xxxx"的每一次定义，只保留一个，或者更改变量名。

（9）error C2143：syntax error : missing ';' before (identifier) 'xxxx'

编号：C2143

直译：在（标志符）"xxxx"前缺少分号。

错误分析：

这是 Visual C++ 2010 的编译器最常见的误报，当出现这个错误时，往往所指的语句并没有错误，而是它的上一条语句发生了错误。其实，更合适的做法是编译器报告在上一条语句的尾部缺少分号。上一条语句的很多种错误都会导致编译器报出这个错误。

① 上一条语句的末尾真的缺少分号，那么补上就可以了。

② 上一条语句不完整，或者有明显的语法错误，或者根本不能算上一条语句（有时候是无意中按到键盘所致）。

③ 如果发现发生错误的语句是 cpp 文件的第一行语句，在本文件中检查没有错误，但其使用双引号包含了某个头文件，那么检查这个头文件，在这个头文件的尾部可能有错误。

（10）error C4716：'xxx': must return a value

编号：C4716

直译："xxx"必须返回一个值。

错误分析：

函数声明了有返回值(不为 void)，但函数实现中忘记了 return 返回值。要么函数确实没有返回值，则修改其返回值类型为 void，要么在函数结束前返回合适的值。

（11）warning C4508：'main' : function should return a value; 'void' return type assumed

编号：C4508

直译：main()函数应该返回一个值；void 返回值类型被假定。

错误分析：

① 函数应该有返回值，声明函数时应指明返回值的类型，确实无返回值的，应将函数返回值声明为 void。若未声明函数返回值的类型，则系统默认为整型 int。此处的错误估计是在 main()函数中没有 return 返回值语句，而 main()函数要么没有声明其返回值的类型，要么声明了。

② warning 类型的错误为警告性质的错误，其意思是并不一定有错，程序仍可以被成功编译、连接，但可能有问题、有风险。

（12）warning C4700：local variable 'xxx' used without having been initialized

编号：C4700

直译：警告局部变量 "xxx" 在使用前没有被初始化。

```
int x;
if (x==3) printf("hello");
```

错误分析：

这是初学者常见的错误，例如以上程序段就会造成这样的警告，而且程序的确有问题，应加以修改，尽管编译、连接可以成功——若不修改，x 的值到底是多少无法确定，是随机的，判断其是否与 3 相同没有意义，在运气不好的情况下，可能在调试程序的机器上运行时，结果看起来是对的，但更换计算机后再运行，结果就不对，初学者往往感到迷惑。

2. 常见连接错误

（1）error LNK2001：unresolved external symbol _main

编号：LNK2001

直译：未解决的外部符号：_main。

错误分析：缺少 main()函数，看看 main 的拼写或大小写是否正确。

（2）error LNK2005：_main already defined in xxxx.obj

编号：LNK2005

直译：_main 已经存在于 xxxx.obj 中了。

错误分析：

直接的原因是该程序中有多个（不止一个）main()函数。这是初学 C++的低年级同学在初次编程时经常犯的错误。这个错误通常不是在同一个文件中包含有两个 main()函数，而是在一个 project（项目）中包含了多个.cpp 文件，而每个.cpp 文件中都有一个 main()函数。引发这个错误的过程一般是这样的：完成了一个 C++程序的调试，接着准备写第二个 C++文件，这时可能通过右上角的关闭按钮关闭了当前的.cpp 文件窗口（或者没有关闭，这一操作不影响最后的结果），然后通过菜单或工具栏创建了一个新的.cpp 文件，在这个新窗口中，程序编写完成，编译，然后就发生了以上的错误。原因是这样的：在创建第二个.cpp 文件时，没有关闭原来的项目，所以无意中新的.cpp 文件加入上一个程序所在的项目。切换到 "File View" 视图，展开 "Source Files" 节点，就会发现有两个文件。

在编写 C++程序时，一定要理解什么是 Workspace、什么是 Project。每一个程序都是一个 Project(项目)，一个 Project 可以编译为一个应用程序（*.exe），或者一个动态连接库（*.dll）。通常，每个 Project 下面可以包含多个.cpp 文件和.h 文件，以及其他资源文件。在这些文件中，只能有一个 main()函数。初学者在写简单程序时，一个 Project 中往往只会有一个.cpp 文件。Workspace（工作区）是 Project 的集合。在调试复杂的程序时，一个 Workspace 可能包含多个 Project，但对于初学者的简单的程序，一个 Workspace 往往只包含一个 Project。

当完成一个程序以后，写另一个程序之前，一定要在 "文件" 菜单中选择 "Close Workspace" 项，只有完全关闭前一个项目，才能进行下一个项目。避免这个错误的另一个方法是每次写完一个 C++程序，都把 Visual C++ 2010 彻底关掉，然后重新打开 Visual C++ 2010，写下一个程序。